Creo3.0 案例

教程与实训

主　编　韦余苹　黄荣学

主　审　诸小丽

华南理工大学出版社
SOUTH CHINA UNIVERSITY OF TECHNOLOGY PRESS

·广州·

图书在版编目（CIP）数据

Creo 3.0 案例教程与实训/韦余苹，黄荣学主编. —广州：华南理工大学出版社，2017.8
（2018.8 重印）

ISBN 978 – 7 – 5623 – 5377 – 5

I. ①C… Ⅱ. ①韦… ②黄… Ⅲ. ①计算机辅助设计 – 应用软件 – 教材 Ⅳ. ①TP391.72

中国版本图书馆 CIP 数据核字（2017）第 200950 号

Creo 3.0 案例教程与实训

韦余苹 黄荣学 主编

出 版 人：卢家明

出版发行：华南理工大学出版社

（广州五山华南理工大学 17 号楼，邮编 510640）

http://www.scutpress.com.cn E-mail：scutc13@scut.edu.cn

营销部电话：020 – 87113487 87111048（传真）

责任编辑：龙 辉

印 刷 者：虎彩印艺股份有限公司

开 本：787mm×1092mm 1/16 印张：15.75 字数：364 千

版 次：2017 年 8 月第 1 版 2018 年 8 月第 2 次印刷

印 数：1 001～2 000 册

定 价：39.00 元

前 言

随着信息技术在各个领域的迅速渗透，CAD（计算机辅助设计）、CAM（计算机辅助制造）和 CAE（计算机辅助工程）技术在制造业中得到广泛应用。Creo 是由美国 PTC 公司推出的 Pro/Engineer 的参数化技术、CoCreate 的直接建模技术和 ProductView 的三维可视化技术相融合的新型 CAD/CAM/CAE 软件，其技术较前期更智能和完善、界面更友好。

本书以 Creo 3.0 为软件载体，根据职业教育课程改革要求，以强化行业职业活动为主导，融合行业职业技能鉴定和专业技能竞赛的能力要求而组织编写。在内容上突出先进性、应用性和针对性。注重培养学生分析工程应用、解决实际问题的能力。教材内容循序渐进，语言简洁，图文并茂，可以引导读者轻松入门。

本书建议根据不同专业培养目标安排 60～80 学时，共有 12 个课题，每个课题均从案例导入开始，融入必需的基础理论知识，配合课题实例、实训，把理论知识与实训结合起来，力求以能力训练为主，是符合行业职业标准的教学、培训、认证、竞赛四合为一的实用教材。

本书由桂林理工大学南宁分校韦余苹担任主编并编写课题 5、课题 6、课题 7 和课题 10，桂林理工大学南宁分校黄荣学担任第二主编并编写课题 1、课题 2 和课题 3，桂林理工大学南宁分校廖秋凉担任副主编并编写课题 9 和课题 12，广西水电职业技术学院农田有担任副主编并编写课题 11，桂林理工大学南宁分校方晴编写课题 4，桂林理工大学南宁分校溪富由编写课题 8。本书还特别邀请广西教学名师南宁职业技术学院诸小丽教授和上海润品科技有限公司技术总监贾方担任主审并指导案例策划。

由于编者水平有限，书中难免存在不完善之处，欢迎广大读者提出批评和建议。

编 者
2017 年 7 月

目　录

课题 1　二维草图设计 …………………………………………………………… 1

课题 2　拉伸实体特征建模 ……………………………………………………… 13

课题 3　旋转/扫描实体特征建模 ………………………………………………… 30

课题 4　混合实体特征建模 ……………………………………………………… 42

课题 5　高级形状特征建模(螺旋扫描/扫描混合/可变截面扫描) ……………… 58

课题 6　工程特征建模(壳/孔/倒圆角/倒角/拔模/筋) …………………………… 71

课题 7　特征编辑 ………………………………………………………………… 92

课题 8　曲面设计与编辑 ………………………………………………………… 102

课题 9　参数化设计 ……………………………………………………………… 130

课题 10　常用装配方法 …………………………………………………………… 147

课题 11　机构运动仿真设计 ……………………………………………………… 175

课题 12　工程图设计 ……………………………………………………………… 210

课题 1   二维草图设计

1.1   教学知识点

（1）基本草图工具的使用；
（2）尺寸标注的修改；
（3）约束工具的使用；
（4）草图图形的镜像、复制及编辑修改。

1.2   教学目的

了解二维草图的基本方法，熟悉各种二维图形的绘制，掌握二维草图编辑工具的使用方法。

1.3   教学内容

1.3.1   基本操作步骤

（1）选择工作目录：打开 Creo 3.0 设计软件，单击 选择工作目录，设置文件保存路径；

（2）新建文件：单击 →类型选择"草绘" ◉ 草绘 →输入草图名称→点击"确定"；

（3）草图绘制：在"草绘"选项对应的工具栏中选择"绘图工具"进行几何图形的草绘；

（4）草图操作：对草图进行修剪编辑和约束操作；

（5）尺寸标注：直接双击自动标注的尺寸→修改值→回车确定，或单击↔进行新尺寸标注。

1.3.2   操作要领与技巧

（1）先完成基本草图的绘制，再进行尺寸标注的修改；

（2）要善于利用草图约束命令进行约束操作，可提高绘图效率及准确性；

（3）对于相同的几何图元，可使用 镜像进行镜像，使用 旋转调整大小 进行图形的平移、旋转和缩放等操作，简化绘图过程；

（4）单个尺寸修改不成功时，可先框选所有标注，再点击工具栏上的 修改图标，去掉 重新生成(R) 勾选，然后对尺寸值进行批量修改。

1.4 基础篇

案例1-1　五角星二维图

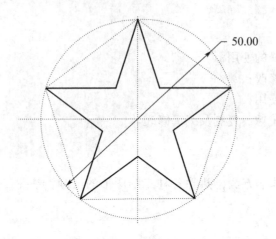

50.00

教学任务：

完成五角星二维草图的设计，掌握：

（1）直线、正多边形、圆和圆弧等基本几何图形的绘制方法；

（2）几何约束、尺寸标注和尺寸修改的方法；

（3）"动态剪切"编辑工具的使用方法及几何与构造线的转换。

操作分析．

该图形是关于中心对称的，一般先绘制中心线，接着作一个圆，再作圆的内接多边形，通过约束得到正多边形，然后通过对角连线、修剪等操作得到五角星。

操作步骤：

任务	步骤	操 作 结 果	操 作 说 明
1 新建 文件		新建文件名：目录/SL1-1. SEC	（1）在主界面上的"主页"点击 → "选择工作目录"； （2）点击 → 选择 ◉ 草绘 → 输入名称"SL1-1"

续上表

任务	步骤	操作结果	操作说明
2 绘制中心	进入草绘界面调用绘制中心线指令	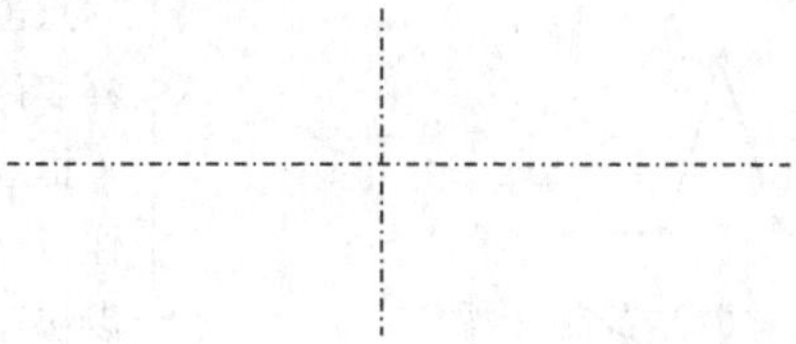	点击草绘中的 中心线 绘制两条互相垂直的中心线
3 绘制圆	绘制圆1	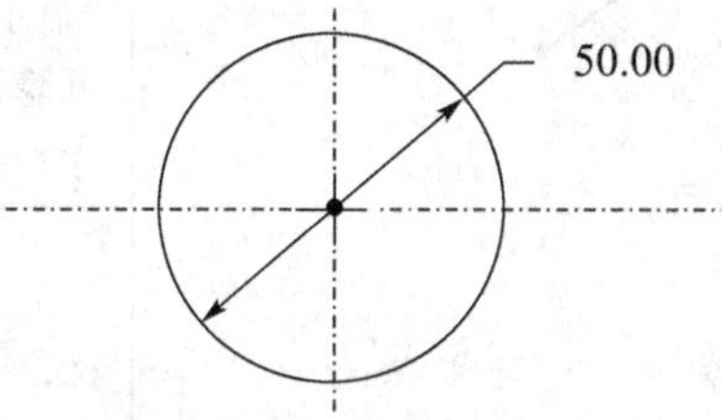50.00	(1) 点击草绘中的 圆→鼠标捕捉中心线的交点作为圆心，单击左键→拖动鼠标在任意位置再单击鼠标左键确定； (2) 双击自动标注的尺寸值，修改圆直径为50
	绘制内接五边形	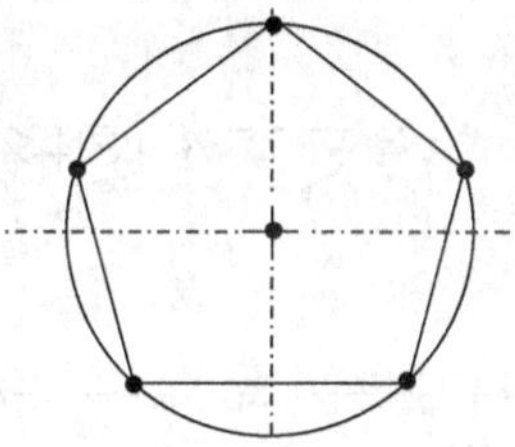	点击草绘中的 线 绘制圆的内接五边形
4 草绘直线	约束操作得到内接正五边形	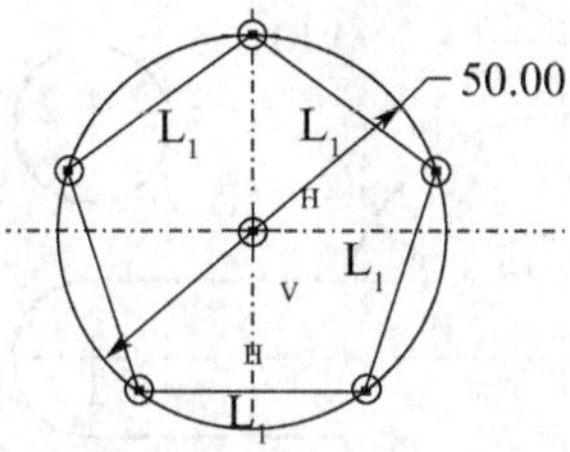50.00 L1 L1 H L1 V L1	点击约束中的 相等，选择多边形的两条边，约束边相等，以相同操作约束各边相等
	绘制五角星草图	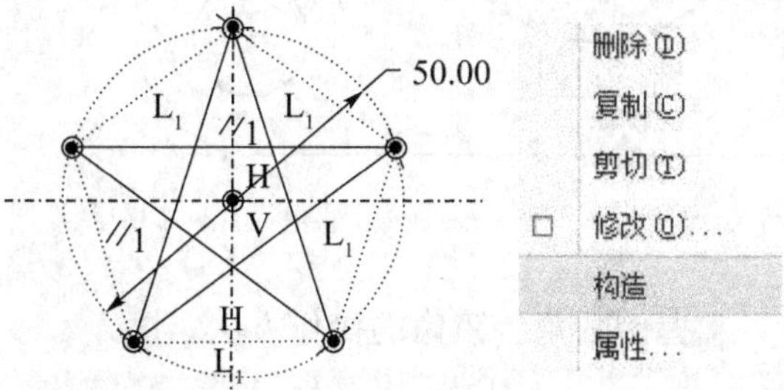50.00 L1 //1 L1 H //1 V L1 H L1 删除(D) 复制(C) 剪切(T) 修改(O)... 构造 属性...	(1) 转换构造参考线：框选所有图元，长按鼠标右键不放，弹出如图菜单，移动鼠标至“构造”选项后松开右键，图元转换成参考线； (2) 绘制对角线：点击草绘中的 线 绘制如图对角线

任务	步骤	操作结果	操作说明
5 修剪图元	调用动态修剪指令		点击编辑中的 删除段 →选择要修剪线段。 提示：选中修剪工具后，按住鼠标左键不放，拖动鼠标可以快速修剪多图素。 （通过取消视图工具中的"显示约束"和"显示尺寸"可隐藏约束符号和标注的尺寸）
6 文件存盘	保存设计文件	按保存工具 🖫 完成存盘	如果要改变目录存盘或名称，可点击"文件"→"另存为"保存模型的副本

案例 1–2　拨叉二维图形

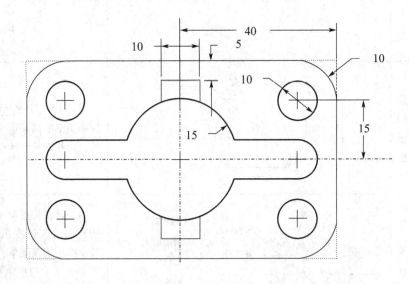

教学任务：

完成拨叉二维图形的设计，掌握倒圆角、镜像的操作方法。

操作分析：

由于图形是对称的，可以先画出图形的 1/4 部分，然后利用镜像工具命令复制出其余部分，这样可以大大提高绘图效率。

操作步骤：

任务	步骤	操 作 结 果	操作说明
1 新建 文件	📄	新建文件名：目录/SL1 – 2. SEC	（1）在主界面上的"主页" 点击 ⬜✓ →"选择工作目录"； （2）点 击 📄 → 选 择 ◉ 草绘 → 输 入 名 称 "SL1 – 2"
2 绘 制 图 形 1 / 4 部 分	绘制对 称轴		点击草绘中的 中心线 绘制 两条互相垂直的中心线
	草绘直 线	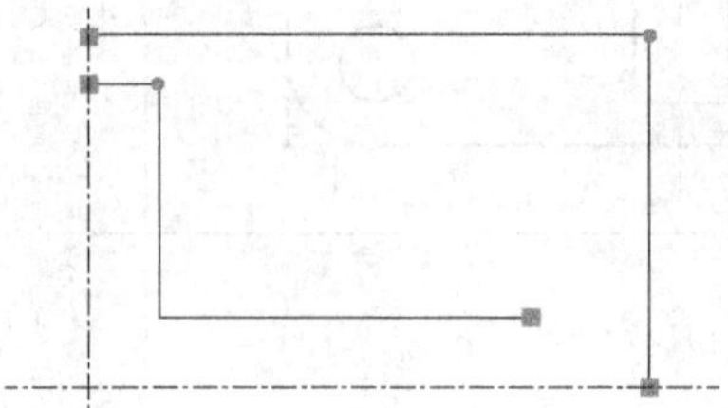	点击草绘中的 ✓线 →绘制 直线，如图所示
	倒圆角	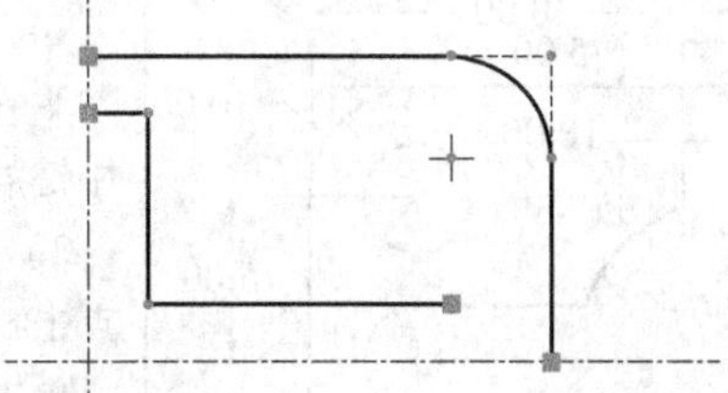	点击草绘中的 圆角 →选择 需要倒角的相邻两条边
	绘制圆 和圆弧	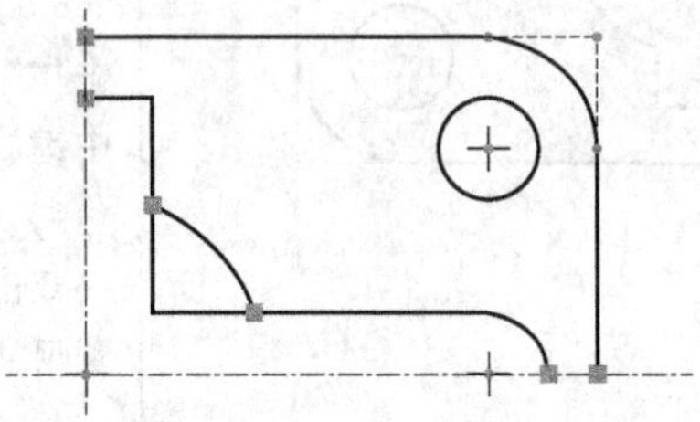	（1）点击草绘中的 ◎圆 绘 制圆； （2）点击草绘中的 弧 和 弧 绘制圆弧
	修剪图 元	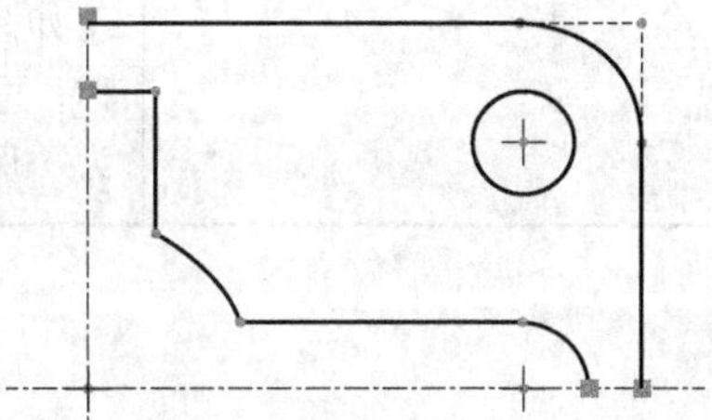	点击编辑中的 删除段 → 修剪多余的线段

任务	步骤	操 作 结 果	操 作 说 明
3 镜像复制	左右镜像		按下左键并拖动鼠标框选所有图元→点击编辑中的 **镜像**→选取镜像的对称中心线（纵轴）
	上下镜像		按下左键并拖动鼠标框选所有图元→点击编辑中的 **镜像**→选取镜像的对称中心线（纵轴）
4 尺寸标注	修改尺寸约束		（1）双击需要修改的尺寸； （2）若自动标注的尺寸不合适，可进行手工标注： 1）标注直线段长度：点击 ↔ →选中需标注直线→单击中键放置尺寸即可； 2）标注两平行线间距离：点击 ↔ →依次选中两平行线→单击中键放置尺寸即可； 3）标注圆弧或圆半径：点击 ↔ →选中圆弧或圆→单击中键放置尺寸即可； 4）标注圆直径：点击 ↔ →双击圆弧或圆→单击中键放置尺寸即可
5 文件存盘	保存设计文件	按保存工具 🖫 完成存盘	如果要改变目录存盘或名称，可点"文件"→"另存为"保存模型的副本

案例1-3 手柄二维图形

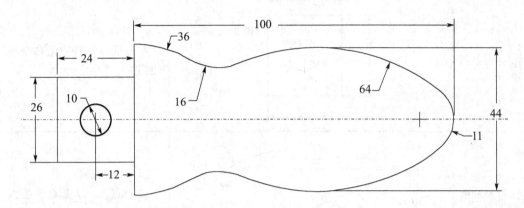

教学任务：

完成手柄二维图形的设计，掌握草绘相切圆弧的绘制、尺寸标注和镜像操作。

操作分析：

手柄二维图关于中心轴对称，先绘制中心线，然后绘制关于中心轴对称的矩形并按尺寸修改标注值，接着绘制圆，再绘制四段相切圆弧，标注并修改好尺寸，最后镜像完成图形绘制。

操作步骤：

任务	步骤	操作结果	操作说明
1 新建 文件		新建文件名：目录/SL1-3.SEC	新建操作参见前例
2 绘制 矩形	创建中心对称矩形		点击草绘中的□矩形绘制四边形，约束关于中心轴对称，标注尺寸

续上表

任务	步骤	操 作 结 果	操作说明
3 创建圆	绘制圆	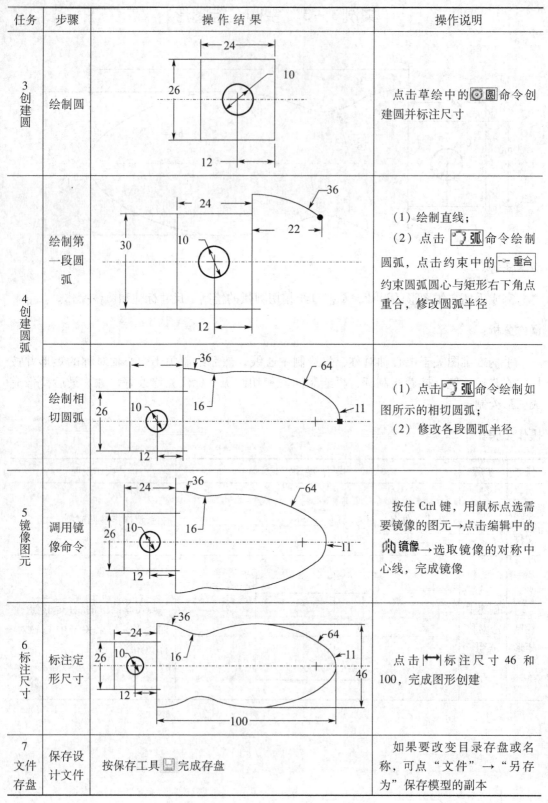	点击草绘中的 ⊚ 圆 命令创建圆并标注尺寸
4 创建圆弧	绘制第一段圆弧		（1）绘制直线； （2）点击 ⌒ 弧 命令绘制圆弧，点击约束中的 —●— 重合 约束圆弧圆心与矩形右下角点重合，修改圆弧半径
	绘制相切圆弧		（1）点击 ⌒ 弧 命令绘制如图所示的相切圆弧； （2）修改各段圆弧半径
5 镜像图元	调用镜像命令		按住 Ctrl 键，用鼠标点选需要镜像的图元→点击编辑中的 ᓂ 镜像 →选取镜像的对称中心线，完成镜像
6 标注尺寸	标注定形尺寸		点击 ↔ 标注尺寸 46 和 100，完成图形创建
7 文件存盘	保存设计文件	按保存工具 💾 完成存盘	如果要改变目录存盘或名称，可点"文件"→"另存为"保存模型的副本

案例 1–4 扇叶二维图形

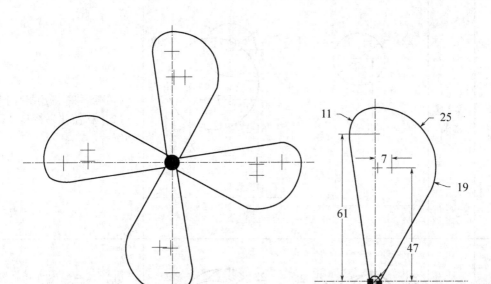

教学任务：

完成扇叶二维图形的设计，巩固基本设计工具和约束工具的使用，掌握复制、比例旋转的方法。

操作分析：

本例为轴对称图形，每个叶片形状一样，因此采用复制、粘贴的方法可以提高作图效率。

操作步骤：

任务	步骤	操 作 结 果	操 作 说 明
1 新建文件		新建文件名：目录/SL1–4. SEC	新建操作参见前例
2 创建中心线	绘制中心线		点击草绘中的 **中心线** 绘制两条互相垂直的中心线

任务	步骤	操 作 结 果	操 作 说 明
3 创建圆	草绘基本圆		（1）点击 🞉 圆绘制两个圆； （2）标注并修改尺寸，如图所示
4 创建相切图元	绘制相切圆弧和切线		（1）点击 🞉 圆在中心线交点绘制小圆； （2）点击 弧 绘制两个圆的公切圆弧； （3）点击 线 绘制两条公切线； （4）标注并修改尺寸，如图所示
5 修剪	剪切多余线段		点击动态修剪工具 删除段 →选择要修剪掉的线段

续上表

任务	步骤	操作结果	操作说明
6 复制图元	复制并旋转图元	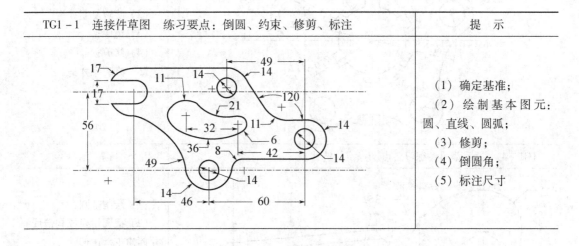	（1）按住 Ctrl 键，用鼠标点选要复制的图元→右键菜单→复制→右键菜单→粘贴→点击鼠标左键放置图元； （2）在顶部对话框中输入水平和垂直移动参数均为 0（如图①所示）； （3）用右键点击拖动参照点至旋转中心（圆心）→输入旋转角度 90°，缩放比例为 1（如图②所示）； （4）重复以上操作，复制创建剩下图元
7 文件存盘	保存设计文件	按保存工具 🖫 完成存盘	如果要改变目录存盘或名称，可点"文件"→"另存为"保存模型的副本

1.5 提高篇

TG1-1 连接件草图 练习要点：倒圆、约束、修剪、标注	提 示
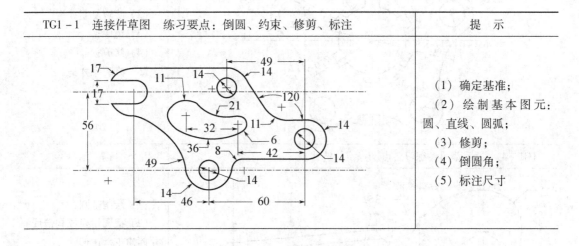	（1）确定基准； （2）绘制基本图元：圆、直线、圆弧； （3）修剪； （4）倒圆角； （5）标注尺寸

续上表

TG1-2　手柄草图　练习要点：相切约束、修剪、镜像	提　示
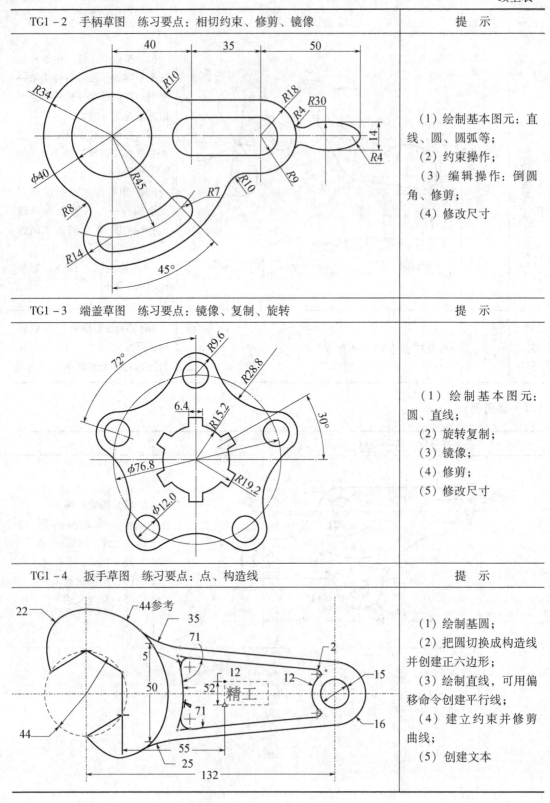	（1）绘制基本图元：直线、圆、圆弧等； （2）约束操作； （3）编辑操作：倒圆角、修剪； （4）修改尺寸
TG1-3　端盖草图　练习要点：镜像、复制、旋转	提　示
	（1）绘制基本图元：圆、直线； （2）旋转复制； （3）镜像； （4）修剪； （5）修改尺寸
TG1-4　扳手草图　练习要点：点、构造线	提　示
	（1）绘制基圆； （2）把圆切换成构造线并创建正六边形； （3）绘制直线，可用偏移命令创建平行线； （4）建立约束并修剪曲线； （5）创建文本

课题2 拉伸实体特征建模

2.1 教学知识点

（1）绘图基准、参照的选用；

（2）增加材料拉伸、切减材料拉伸；

（3）基准创建、草绘加厚；

（4）材料拉伸位置确定；

（5）特征参数的修改。

2.2 教学目的

通过本课题了解"拉伸"命令的含义，掌握创建拉伸实体模型的操作方法。

2.3 教学内容

2.3.1 基本操作步骤

（1）进入三维建模模块： 新建→零件；

（2）草绘拉伸截面（主要有两种方法）：

①内部草绘：在"模型"选项点击 创建拉伸特征→直接选定草绘平面或［在绘图区点右键→定义内部草绘］→选择草绘平面进入草绘界面→点击 调整视图→草绘截面→点击 确定完成草绘；

②外部草绘： →选择草绘平面，进入外部草绘→草绘截面 → 完成草绘；

（3）进行拉伸参数设置：设定拉伸的方向及拉伸的深度
→ 对于外部草绘，应先调用拉伸指令 →选择草绘→设置参数→ 。

2.3.2 操作要领与技巧

（1）鼠标操控：按住鼠标中键拖动实现视图旋转，按住 Shift + 鼠标中键可实现视图移动，滚动鼠标滚轮实现视图缩放；

（2）拉伸实体时，截面必须是封闭的，可以通过检查项 （着色封闭环）和 （突出开放端）来检查截面情况；

（3）拉伸中的"选项"是用来定义拉伸侧的，可分别定义截面朝着两侧不同的拉伸深度值；

（4）点击 展开，可以设置不同形式的相关联深度，对于参数化设计尤其重要；

（5）对于组合体模型一般采用增加材料方式来设计，而对于切割体模型一般采用去除材料方式来设计。

2.4 基础篇

案例2-1 轴承座设计

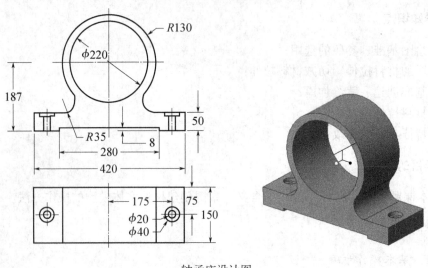

轴承座设计图

教学任务：

完成轴承座的三维实体设计，了解拉伸的含义，掌握拉伸的基本操作方法。

操作分析：

拉伸是沿着截面方向扫描而得到的特征，拉伸特征具有各个截面互相平行且形状、大小相等的特点。可见，轴承座三维实体模型的创建采用拉伸命令来完成。

操作步骤：

任务	步骤	操作结果	操作说明
1 新建 文件		新建文件名：目录/SL2-1.prt	（1）在主界面上的"主页"点击 → "选择工作目录"； （2）点击"新建"→选择"零件"→输入名称"SL2-1"； （3）去掉"使用缺省模板"前面的√，确定→选"mmns_part_solid"，确定

任务	步骤	操 作 结 果	操 作 说 明
2 创建拉伸特征	进入草绘界面	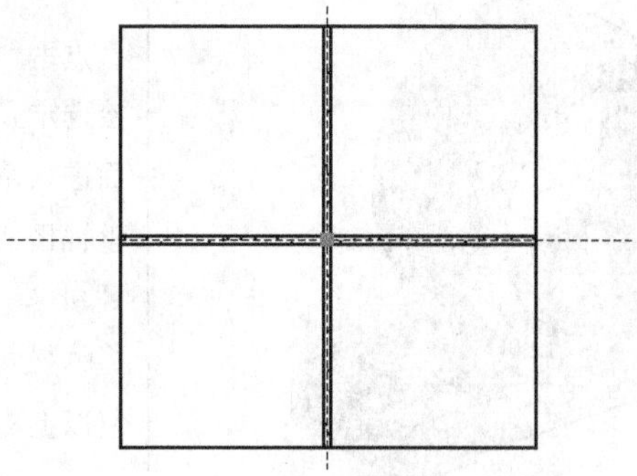	在"模型"选项点击🔲创建拉伸特征→直接选定草绘平面或 [在绘图区点右键→定义内部草绘]→选定草绘平面进入草绘界面→点击🔲调整视图
	绘制拉伸截面	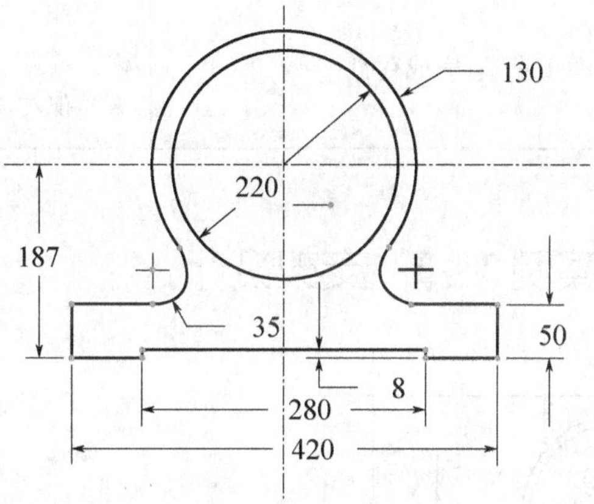 130 220 187 35 50 280 8 420	（1）点击 中心线 绘制中心线，在中心作两个同心圆； （2）绘制底座直线，或点击矩形工具🔲矩形，画矩形再作修剪； （3）绘制圆或圆弧，并约束相切，修剪； （4）框选所有标注，点🔲修改进行修改，✔完成
	设置拉伸参数	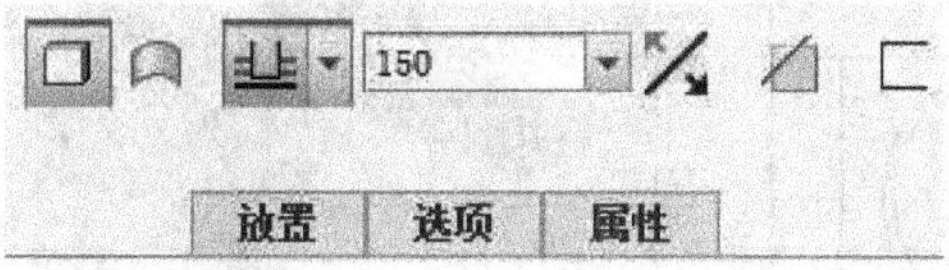 150	设置拉伸深度值150； 方法1：直接在左图操控板中输入150； 方法2：双击深度值尺寸修改
	完成拉伸	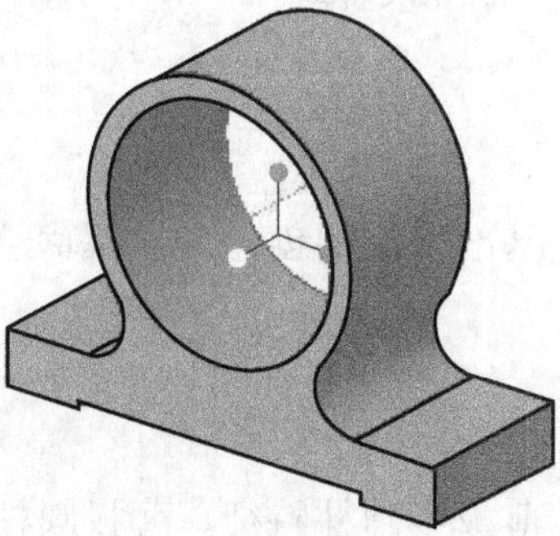	在操控板右边按✔完成拉伸特征的创建，在左边特征树上出现拉伸特征图标，方便后续模型的操作管理 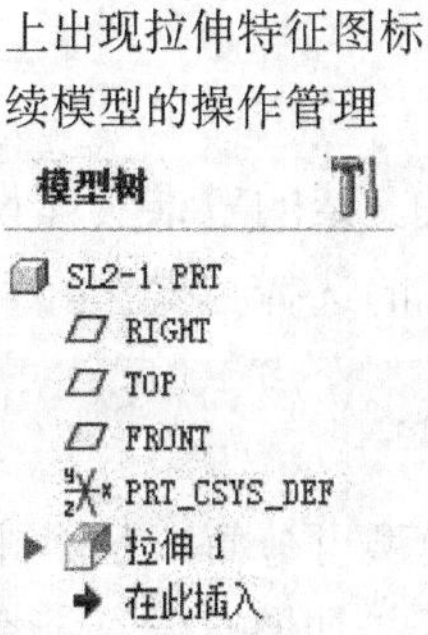 模型树 SL2-1.PRT RIGHT TOP FRONT PRT_CSYS_DEF ▶拉伸1 ➜在此插入

续上表

任务	步骤	操 作 结 果	操作说明
3 创建沉头固定孔	拉伸切除材料	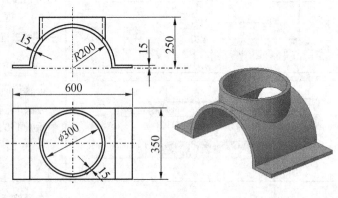	点击 ⬡ 创建拉伸特征→直接选定底座上表面作为草绘平面进入草绘界面→点击 🔄 调整视图→草绘圆截面→点击 ✔ 确定，输入拉伸深度→点移除材料 ◪ 选项后 ✔，重复以上操作完成沉头孔创建
4 文件存盘	保存设计文件	按保存工具 💾 完成存盘	如果要改变目录存盘或名称，可点"文件"→"另存为"保存模型的副本

案例 2-2　支架设计

支架设计图

教学任务：

　　完成支架的三维实体设计，掌握基准平面的创建、加厚草绘工具的使用，以及拉伸深度方式的选择与操作。

操作分析：

　　该模型可分解成三个主要特征：薄板半圆柱特征、薄板圆柱特征、圆孔特征。薄板特征使用"加厚草绘"指令创建可以减少草绘工作量；薄板圆柱特征创建时需事前创建一个基准平面作为"草绘平面"，并使用"拉伸到"选项以使两特征正确相交；最后用拉伸创建一个孔特征。

操作步骤：

任务	步骤	操 作 结 果	操 作 说 明
1 新建 文件		新建文件名：目录/SL2 – 2. prt	新建操作同前例
2 创建拉伸特征1	进入草绘界面		在"模型"选项点击 创建拉伸特征→直接选定草绘平面→选择草绘平面进入草绘界面→点击 调整视图
	绘制截面（1）	200 600	绘制开放的截面曲线链，按 完成，退出草绘界面。 注意：拉伸实体截面要求是封闭的，如果点选加厚草绘项 ，截面可以是开放的
	设置拉伸参数	放置 选项 属性 350 15	设置拉伸参数： （1）选对称拉伸 ，输入拉伸深度350； （2）在"加厚草绘"框中输入15，点击右边的方向按钮 ，确保向外加厚
	完成拉伸1		按 完成拉伸特征的创建，在左边模型树上出现拉伸特征图标，方便后续模型的操作管理 模型树 ⫶ ▾ SL2-2. PRT RIGHT TOP FRONT PRT_CSYS_DEF ▸ 拉伸 1 ➔ 在此插入

任务	步骤	操 作 结 果	操作说明
3 创建拉伸特征 2	创建基准平面 DTM1	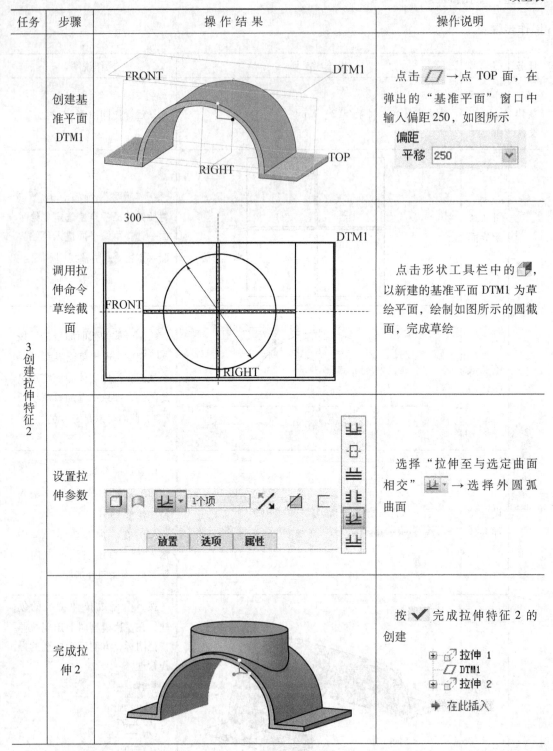	点击 ▱ →点 TOP 面，在弹出的"基准平面"窗口中输入偏距 250，如图所示 偏距 平移 250 ∨
	调用拉伸命令草绘截面		点击形状工具栏中的 ⬚，以新建的基准平面 DTM1 为草绘平面，绘制如图所示的圆截面，完成草绘
	设置拉伸参数		选择"拉伸至与选定曲面相交" ⬚▾ →选择外圆弧曲面
	完成拉伸 2		按 ✓ 完成拉伸特征 2 的创建 ⊞ 拉伸 1 　 DTM1 ⊞ 拉伸 2 ➡ 在此插入

任务	步骤	操 作 结 果	操 作 说 明
4 创建拉伸特征3	调用拉伸草绘截面	135	点击形状工具栏中的拉伸 🧊，以新建的拉伸顶面为草绘平面，绘制如图所示的圆截面，完成草绘
	设置拉伸参数	放置　选项　属性	选择"拉伸至与所有曲面相交"，按下去除材料，点 选定拉伸方向向下
	完成拉伸3（切除）		按 ✔ 完成拉伸特征3的创建 ⊞ 🗂拉伸1 　▱ DTM1 ⊞ 🗂拉伸2 ⊞ 🗂拉伸3 　➡ 在此插入
5 文件存盘	保存设计文件	按保存工具 🖫 完成存盘	如果要改变目录存盘或名称，可点"文件"→"另存为"保存模型的副本

案例2-3　轴座设计

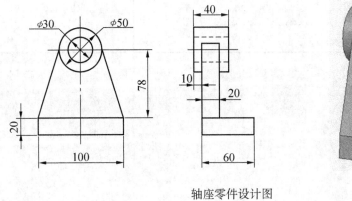
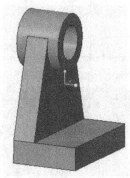

轴座零件设计图

教学任务：

完成轴座三维实体设计，掌握创建双侧不对称深度的拉伸方法。

操作分析：

零件分三个特征：底板（100×60×20）拉伸特征；支承板拉伸特征；一个带孔圆柱拉伸特征。在创建带孔圆柱体特征时，用支承板后侧面作草绘平面，此草绘平面与圆柱体的两端不相等，因此采用双侧不等深度拉伸来处理较为便捷。

操作步骤：

任务	步骤	操 作 结 果	操 作 说 明
1 新建 文件	📄	新建文件名：目录/SL2－3. prt	新建操作同前例
2 创建拉伸特征1	调用拉伸命令进入草绘		在"模型"选项点击创建拉伸特征 → 直接选定 FRONT 草绘平面进入草绘 → 点击调整视图
	绘制拉伸截面圆	50 78	绘制如图所示截面圆 → ✔ 完成

任务	步骤	操作结果	操作说明
2 创建拉伸特征1	设置拉伸深度	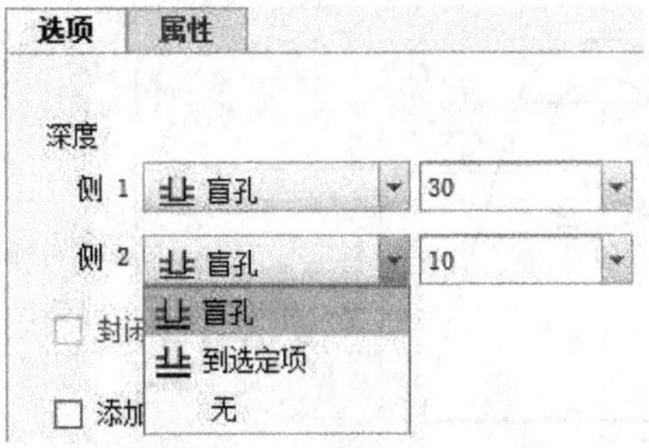	在操控板中点"选项"设定深度为：侧1盲孔30，侧2盲孔10，如图所示
	完成底板创建	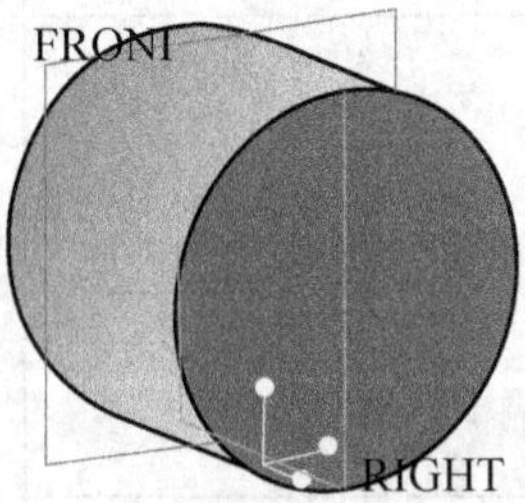	在操控板上按✓完成拉伸1的创建
3 创建拉伸支撑板	调用拉伸指令并绘制拉伸截面（2）	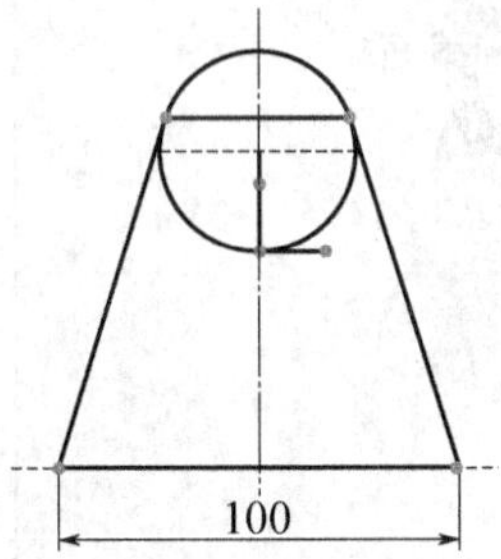	（1）选择 FRONT 或使用先前的平面作为草绘平面； （2）草绘图示截面，注意约束控制相切
	设置拉伸参数	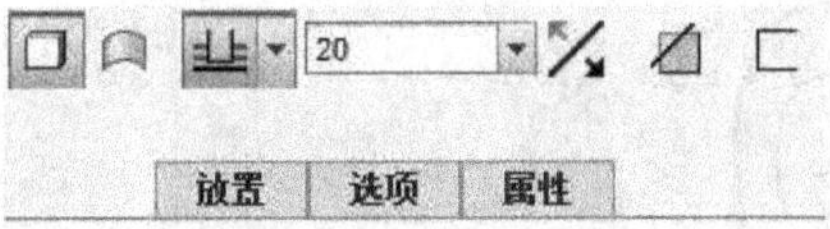	设置拉伸深度为20，调整拉伸方向向前
	完成支承板创建	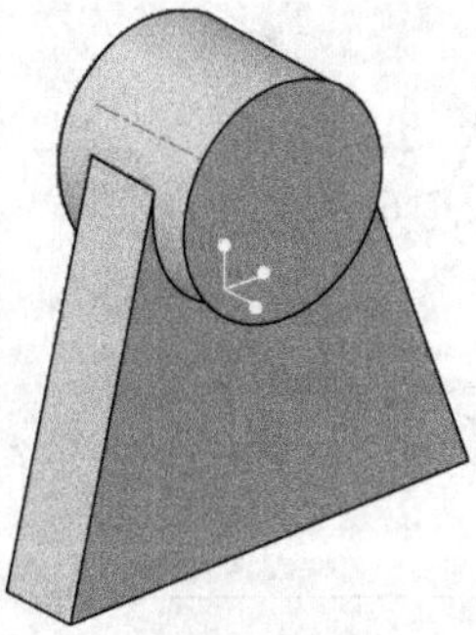	在操控板上按✓完成拉伸2的创建

任务	步骤	操作结果	操作说明
4 创建轴套孔	调用拉伸指令并绘制拉伸截面	30 78	点击▣创建拉伸特征→选择圆柱前端面作为草绘面，绘制如图所示的圆
	设置拉伸参数	▢ ◠ ┋┠▾ ╱ ◿ ◁ ╲ 放置　选项　属性	选择"拉伸至与所有曲面相交"┋┠，按下去除材料◿，点╲选定拉伸方向向里
	完成支轴套创建	截面1	在操控板上按☑完成拉伸 3 的创建
5 创建拉伸底板	草绘拉伸截面	60 100	点击▣创建拉伸特征→选择 TOP 面或者支撑板底面作为草绘面，绘制如图所示的矩形截面

续上表

任务	步骤	操作结果	操作说明
5 创建拉伸底板	创建拉伸	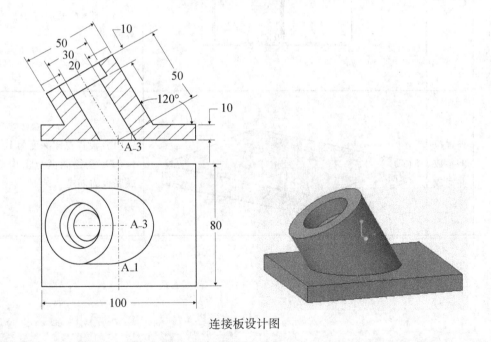	在操控板上按☑完成拉伸底板的创建
6 文件存盘	保存设计文件	按保存工具💾完成存盘	如果要改变目录存盘或名称,可点"文件"→"另存为"保存模型的副本

案例 2 – 4 连接板设计

连接板设计图

教学任务:

完成连接板设计,巩固拉伸操作的一般方法,掌握通过创建基准来进行拉伸的方法。

操作分析：

该连接板零件由固定底板、连接圆柱体、阶梯孔三部分组成，可以通过拉伸来创建这些特征。本例中的关键是圆柱体拉伸特征的创建，需要事先在圆柱体端面处创建一基准面作为草绘平面。

操作步骤：

任务	步骤	操作结果	操作说明
1 新建 文件		新建文件名：目录/SL2 – 4. prt	新建操作同前例
2 创建固定底板	调用拉伸指令并绘制拉伸截面	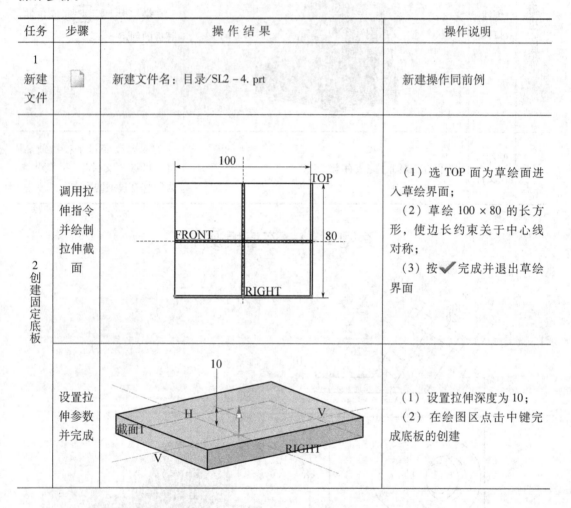	（1）选 TOP 面为草绘面进入草绘界面； （2）草绘 100 × 80 的长方形，使边长约束关于中心线对称； （3）按 ✔ 完成并退出草绘界面
	设置拉伸参数并完成		（1）设置拉伸深度为 10； （2）在绘图区点击中键完成底板的创建

续上表

任务	步骤	操 作 结 果	操作说明
3 创建圆柱体	创建基准轴 A_1		点击基准轴 ∕ 轴 →按住 Ctrl 键不放，选择 RIGHT 及 TOP 基准面作为参照，创建得一基准轴 A_1
	创建基准面 DTM1		点击基准面 ⊿ →按住 Ctrl 键不放，选择基准轴 A_1 及底板上表面作为参照，旋转角度设为 30°，创建得基准面 DTM1
	创建基准面 DTM2		点击基准面 ⊿ →选择基准面 DTM1 作参照，偏距设为 50（反方向时为 −50），创建得基准面 DTM2

任务	步骤	操 作 结 果	操 作 说 明
3 创建圆柱体	调用拉伸指令并绘制拉伸圆截面	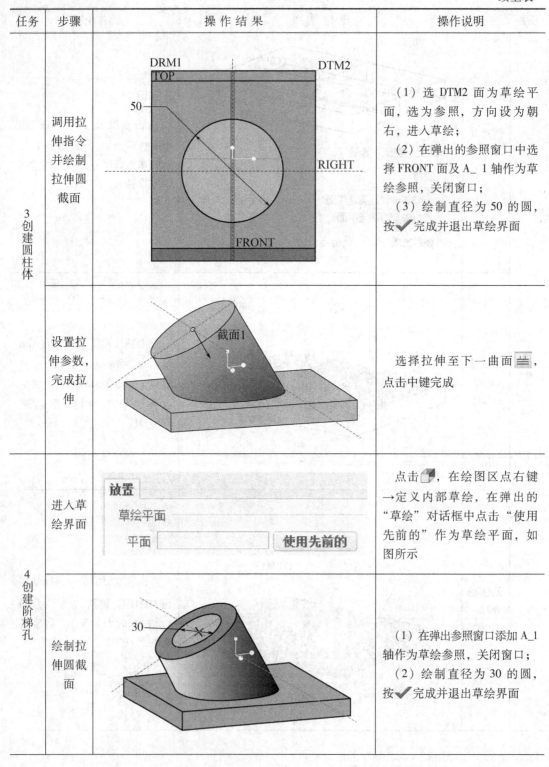	（1）选 DTM2 面为草绘平面，选为参照，方向设为朝右，进入草绘； （2）在弹出的参照窗口中选择 FRONT 面及 A_ 1 轴作为草绘参照，关闭窗口； （3）绘制直径为 50 的圆，按 ✔ 完成并退出草绘界面
	设置拉伸参数，完成拉伸		选择拉伸至下一曲面 ⇥，点击中键完成
4 创建阶梯孔	进入草绘界面	**放置** 草绘平面 平面 ▢ 使用先前的	点击 🗔，在绘图区点右键→定义内部草绘，在弹出的"草绘"对话框中点击"使用先前的"作为草绘平面，如图所示
	绘制拉伸圆截面		（1）在弹出参照窗口添加 A_1 轴作为草绘参照，关闭窗口； （2）绘制直径为 30 的圆，按 ✔ 完成并退出草绘界面

任务	步骤	操 作 结 果	操作说明
4 创建阶梯孔	设置拉伸参数		输入拉伸深度10，按下去除材料 ⊿，点 ↗ 选定拉伸方向向下
	完成沉头孔的创建		点击中键完成沉头孔的创建
	完成通孔的创建		方法同上，设拉伸深度时，选择"拉伸至与所有曲面相交" ≢，按下去除材料 ⊿，点 ↗ 选定拉伸方向向下
5 文件存盘	保存设计文件	按保存工具 🖫 完成存盘	如果要改变目录存盘或名称，可点"文件"→"另存为"保存模型的副本

2.5 提高篇

TG2-1　支座　练习要点：拉伸（增加材料/去除材料）	提　示
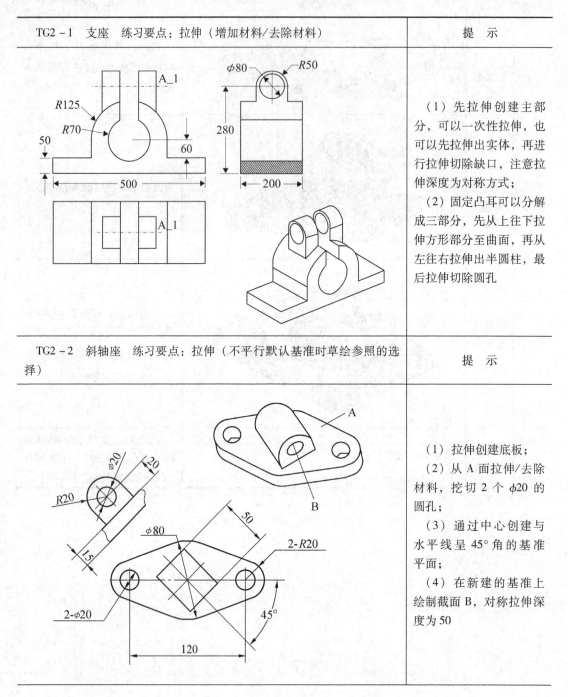	（1）先拉伸创建主部分，可以一次性拉伸，也可以先拉伸出实体，再进行拉伸切除缺口，注意拉伸深度为对称方式； （2）固定凸耳可以分解成三部分，先从上往下拉伸方形部分至曲面，再从左往右拉伸出半圆柱，最后拉伸切除圆孔
TG2-2　斜轴座　练习要点：拉伸（不平行默认基准时草绘参照的选择）	提　示
	（1）拉伸创建底板； （2）从 A 面拉伸/去除材料，挖切 2 个 ϕ20 的圆孔； （3）通过中心创建与水平线呈 45°角的基准平面； （4）在新建的基准上绘制截面 B，对称拉伸深度为 50

TG2－3　底座　练习要点：拉伸（多次拉伸、对称拉伸）	提　示
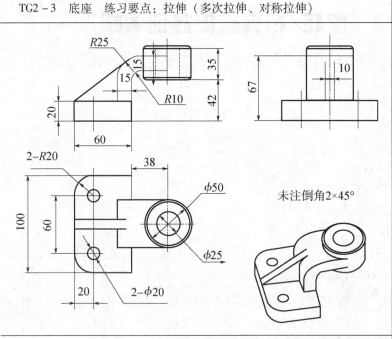	（1）模型前后对称，建底板时注意做好约束关于基准平面对称； （2）支撑板用对称拉伸； （3）加强筋可以用拉伸创建，也可以用 筋来创建； （4）所有孔最后创建
TG2－4　创建切割体　练习要点：拉伸（开放截面拉伸去除材料）	提　示

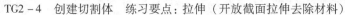

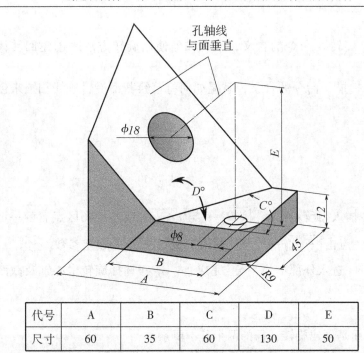

代号	A	B	C	D	E
尺寸	60	35	60	130	50

模型为切割体，考虑用拉伸移除材料的方法建模：

（1）拉伸柱体；

（2）创建两个切割面的交线，以此作为法线方向创建新基准平面；

（3）用拉伸去除材料的方法切去多余部分；

（4）倒圆角并创建同心孔；

（5）通过几何关系进行草绘确定侧面孔心位置；

（6）创建侧孔

课题3 旋转/扫描实体特征建模

3.1 教学知识点

3.1.1 旋转实体特征

(1) 基准/参照的选用；

(2) 加、减材料的旋转；

(3) 基准创建和加厚草绘；

(4) 旋转轴线和截面的定义。

3.1.2 扫描实体特征

(1) 基准/参照的选用；

(2) 扫描轨迹和扫描截面的定义；

(3) 扫描生成实体或薄壁实体；

(4) 扫描切割实体；

(5) 特征参数的修改。

3.2 教学目的

(1) 通过本课题了解"旋转"命令的含义，掌握如何使用旋转方法来创建回转体模型；

(2) 通过本课题了解"扫描"命令的含义，掌握如何将草绘截面沿轨迹线扫描来创建扫描特征模型。

3.3 教学内容

3.3.1 旋转实体特征

1. 基本操作步骤

(1) 新建→零件→ [⊕ 插入/旋转] → [放置 → 定义…] 或 [绘图区点右键→定义内部草绘]→选草绘平面，点击 草绘 → [草绘截面→ ✔ 完成]→设定参数→ ✔ ；

(2) 新建→零件→ ▨ → [进入外部草绘→ ✔ 完成] → ⊕ →选择旋转中心轴及截面→设定参数→ ✔ 。

2. 操作要领与技巧

(1) 旋转中心及旋转截面是创建旋转特征的两个基本要素；

(2) 旋转特征跟拉伸特征一样，建模时可以增加材料，也可以切减材料；

(3) 旋转轴可以在草绘截面时，点击 ┆ 来创建，也可以退出草绘后选择边线作为旋转轴线；

(4) 创建旋转实体一般要求截面是封闭的，但在创建薄板特征时，截面可以不封闭，但需先按下□按键来确定特征类型，才可以绘制开放剖面创建特征。

3.2.2　扫描实体特征

1. 基本操作步骤

新建→零件→插入/扫描/选择特征类型（伸出项或薄板伸出项等）→ 定义扫描轨迹
→ ✔ →定义扫描截面→ ✔ →"确定"完成。

2. 操作要领与技巧

（1）扫描轨迹和扫描截面是扫描特征的两个基本要素；

（2）扫描过程中，扫描截面始终垂直于扫描轨迹，可以在起点或者是定义的位置点草绘截面；

（3）扫描轨迹线，轨迹线可以通过右键来切换选取。

从建模原理上说，拉伸和旋转都是扫描实体特征的特例，拉伸实体特征是将截面沿直线扫描，旋转实体特征是将截面沿圆周扫描。

3.4　基础篇

案例 3 – 1　手柄模型

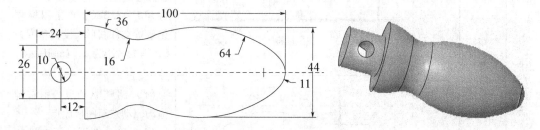

教学任务：

完成手柄模型的三维实体建模，掌握基本旋转特征的创建方法。

操作分析：

该手柄零件是一回转体，需要用旋转命令来创建模型，手柄上的圆孔可以用上一课题中的拉伸切除方法创建，也可以直接用孔特征创建，还可以用旋转去除材料的方法切除得到。

操作步骤：

任务	步骤	操 作 结 果	操作说明
1 新建 文件		新建文件名：目录/SL3 – 1. prt	新建操作参见前例

续上表

任务	步骤	操作结果	操作说明
2 创建旋转特征	调用旋转命令进入草绘界面		在"模型"选项点击 旋转 创建旋转特征→〔在对话框中点选"放置"→定义〕或〔在绘图区点右键→定义内部草绘〕→选草绘平面进入草绘界面→点击 调整视图
	绘制旋转截面	**方法一：草绘截面**	直接草绘闭合的截面，如图所示，点击 中心线 添加旋转中心线
		方法二：导入文件系统 100 驱动点 ⌞ 0.000000 1.000000 ✓ ✗	本例通过 导入草绘文件，操作如下：点击左上角的文件系统命令 ，导入课题一创建好的文件 SL1 – 3. SEC，点击鼠标左键放置文件图形，设置角度为 0，缩放大小为 1，如图所示
			（1）调整驱动点：用右键拖动驱动点至图形原点（2）移动图形：用左键拖动驱动点移动图形至坐标原点放置，✓确定
			点击 中心线 添加旋转中心线，修剪中心线一侧的所有图元，创建封闭截面
	设置旋转参数	内部 CL 360 位置 选项 属性	接受操控板上的默认值 360
	完成旋转特征		在操控板上按 ✓ 或直接按中键完成旋转实体的创建

任务	步骤	操 作 结 果	操作说明
3 创建孔	拉伸切除孔	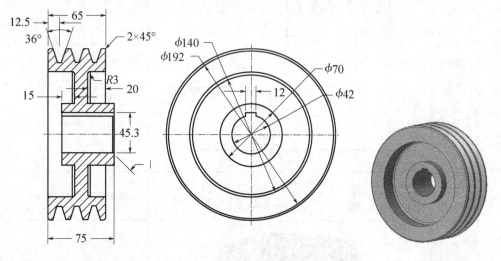	点 ⬛→草绘圆→按下 ◢→中键完成，拉伸移除时注意设置双向穿透
4 文件存盘	保存设计文件	按保存工具 💾 完成存盘	如果要改变目录存盘或名称，可点"文件"→"另存为"保存模型的副本

案例 3 – 2 带轮设计

教学任务：

完成带轮三维实体模型的设计，进一步掌握旋转实体的创建、草绘工具的使用。

操作分析：

带轮属于回转体，可通过旋转特征来创建，最后再用拉伸移除材料来添加键槽特征。

操作步骤:

任务	步骤	操 作 结 果	操 作 说 明
1 新建 文件		新建文件名:目录/SL3－2.prt	新建操作参见前例
2 创建旋 转特征	调用旋 转命令 进入草 绘界面		在"模型"选项点击 旋转→直接点选草绘平面 进入草绘界面→点击 调整 视图
	绘制 截面	添加中心线	(1)按尺寸草绘闭合的截 面,如图所示; (2)点击 中心线 添加旋转 中心线
	设置旋 转参数	内部 CL 360 位置 选项 属性	输入旋转角度值360
	完成旋 转特征		在操控板上按 或直接按 中键完成旋转实体的创建
3 创建键 槽	拉伸移 除材料		调用拉伸命令,选择 和 进行移除材料

续上表

任务	步骤	操作结果	操作说明
4 创建细节特征	创建倒角	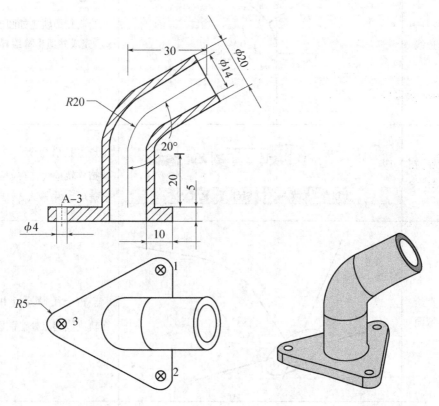	点击 ✎倒角→选择要倒角的边→设置倒角参数→确定
5 文件存盘	保存设计文件	按保存工具 💾 完成存盘	如果要改变目录存盘或名称，可点"文件"→"另存为"保存模型的副本

案例 3 – 3 管接头

教学任务：

完成管接头三维实体模型的设计，掌握创建扫描实体特征的方法，包括扫描伸出项（增加材料）、薄板伸出项（薄壁加厚）和切口（去除材料）的操作。

操作分析：

本例先用扫描实体特征创建圆管，再用拉伸命令创建底板。调用扫描前先使用外部

草绘创建扫描轨迹线，再选取轨迹线创建扫描特征，扫描圆管时可以用创建薄板特征的方法实现。

操作步骤：

任务	步骤	操 作 结 果	操作说明
1 新建 文件		新建文件名：目录/SL3 – 3. prt	新建操作参见前例
	进入草 绘界面	点击草绘工具 〜 →点选 FRONT 面→ "草绘"	FRONT 面选定为草绘平面， 参照及方位接受默认设置
2 创 建 扫 描 管 道	绘制轨 迹线		绘制扫描轨迹如图所示，按 ✔完成并退出草绘界面
	调用扫 描指令		点击扫描命令 🗅 扫描，选 择扫描轨迹线，在创建薄板特 征选项 □ 中输入 3
	草绘 截面		点击上图操控板中的 🖉， 在轨迹线起点处绘制圆截面
	创建 扫描		点击 ✔ 完成扫描图形 （扫描管道也可以直接绘制 两个同心圆截面构建）

任务	步骤	操 作 结 果	操 作 说 明
3 创建拉伸底板	草绘拉伸截面	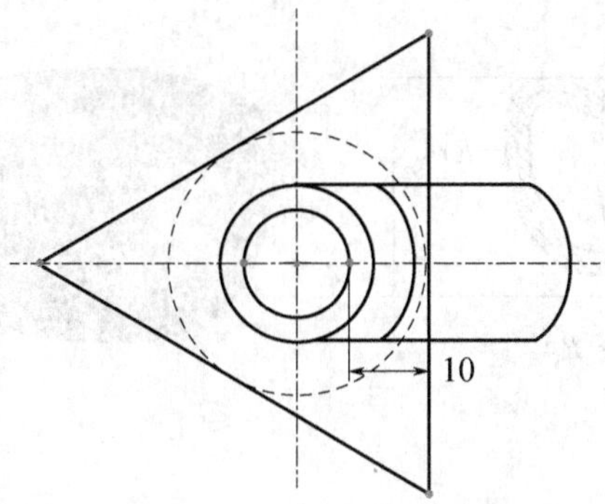	调用拉伸命令🗔→选择管道端面作为草绘面绘制如图所示的截面
	创建拉伸（底板）	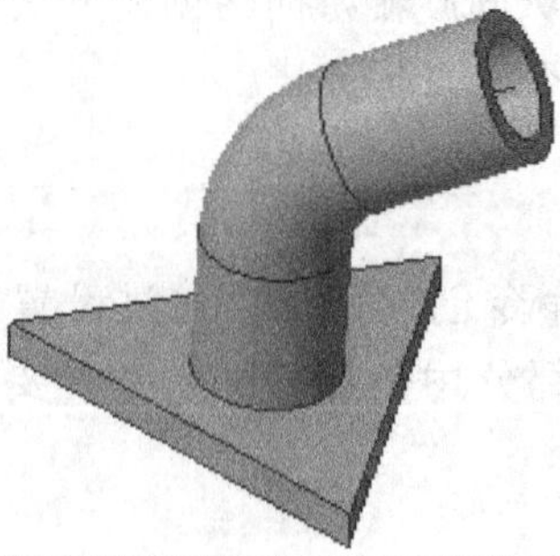	输入拉伸高度5，点击 ✔ 拉伸创建
4 创建附加特征	倒圆角和孔特征	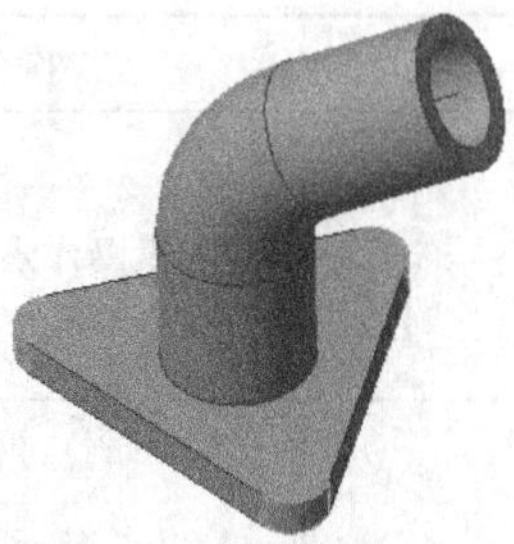 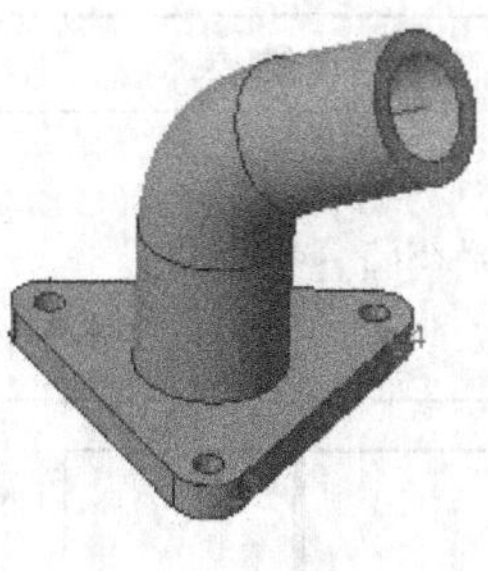	（1）点击 ▷倒圆角 对边倒圆角； （2）创建基准轴：点击 ⁄轴，选择倒圆角曲面创建基准轴； （3）创建孔特征：点击 🗔孔通过基准轴做孔特征
5 文件存盘	保存设计文件	按保存工具 🖫 完成存盘	如果要改变目录存盘或名称，可点"文件"→"另存为"保存模型的副本

案例 3 – 4　咖啡杯

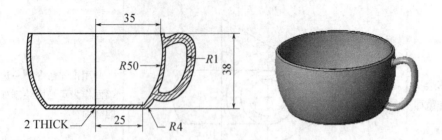

教学任务：

　　完成咖啡杯三维实体模型的设计，巩固旋转特征的创建方法，了解抽壳工具的使用，掌握扫描特征创建时端面与其他特征相交的处理方法。

操作分析：

　　水杯的杯体是回转体，利用旋转命令创建特征，通过设置草绘加厚得到薄壁杯体（也可以用抽壳工具创建），水杯手柄部分用扫描特征创建，要求扫描端部与杯体完好结合。

操作步骤：

任务	步骤	操作结果	操作说明
1 新建 文件		新建文件名：目录/SL3 – 4. prt	新建操作参见前例
2 创建 杯体	调用旋转命令进入草绘界面		在"模型"选项点击 🔁 旋转→点选加厚草绘选项 □→直接点选草绘平面进入 草绘→点击 🔲 调整视图

任务	步骤	操作结果	操作说明
2 创建杯体	草绘旋转截面	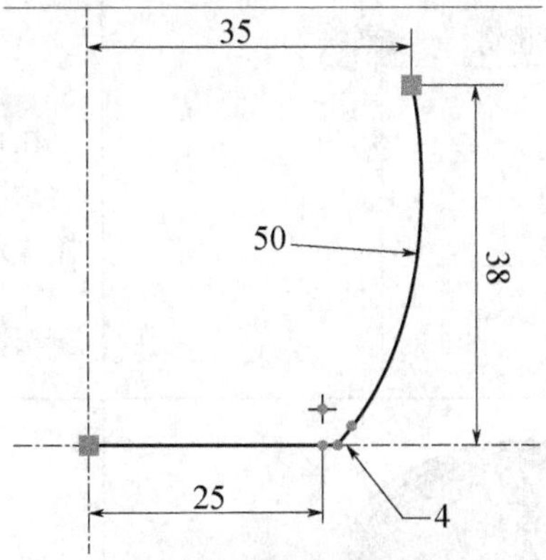	（1）绘制如图所示的开放截面； （2）添加旋转中心线； （3）完成草绘
	完成旋转特征		旋转角度接受默认设置，加厚草绘值为2，完成旋转特征（本例也可以通过抽壳工具来创建）
3 草绘轨迹	草绘	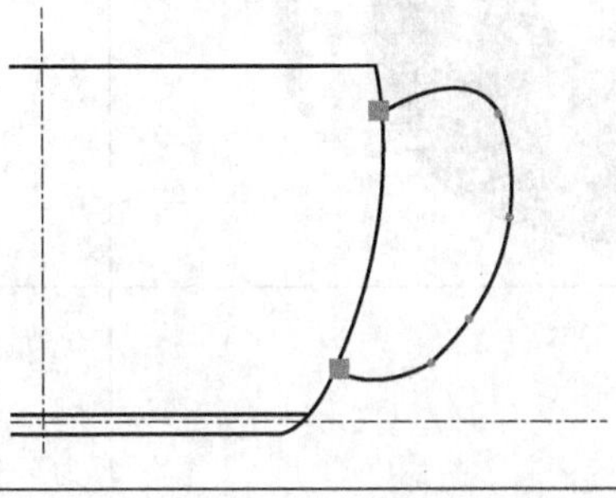	调用草绘命令 进入草绘，绘制样条曲线，约束端点与杯体外轮廓重合
4 创建扫描特征	调用扫描命令	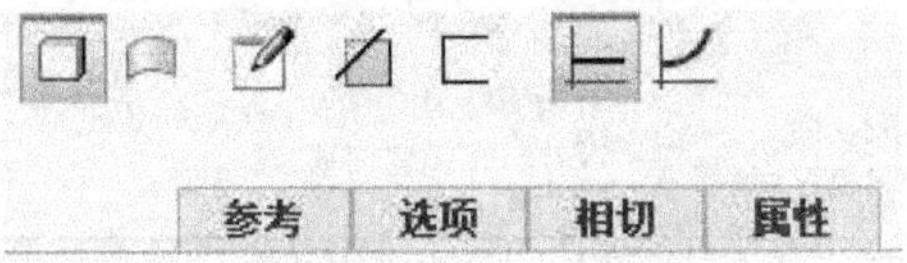	（1）点击扫描命令 扫描； （2）选择扫描轨迹线； （3）点击操控板中的 进入草绘
	草绘扫描截面	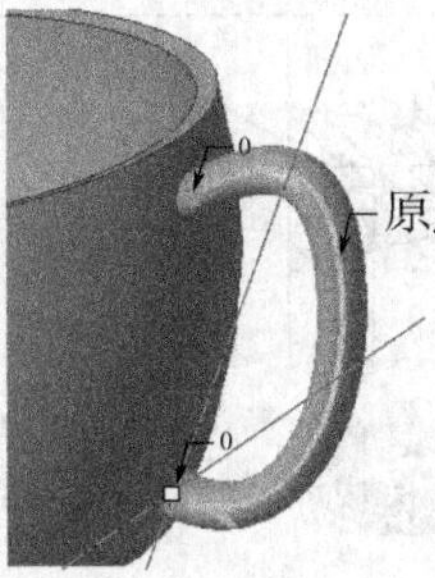	在轨迹线起点处绘制长轴为6、短轴为4的椭圆截面→ 完成

任务	步骤	操作结果	操作说明
5 创建杯体	设置选项	**选项** **相切** **属性** □ 封闭端 ☑ 合并端 草绘放置点 原点	在操控面板的选项中勾选"合并端",使扫描的两端与杯体完全结合
	完成扫描特征		按 ✓ 完成扫描,如图所示(可通过编辑操作,观察合并端与非合并端的区别)
6 边倒圆角	创建倒圆角		点击 倒圆角 对边倒圆角,半径均为 0.5,如图所示
7 文件存盘	保存设计文件	按保存工具 💾 完成存盘	如果要改变目录存盘或名称,可点"文件"→"另存为"保存模型的副本

3.5 提高篇

TG3-1 顶尖 练习要点:旋转创建实体和旋转切割实体	提 示
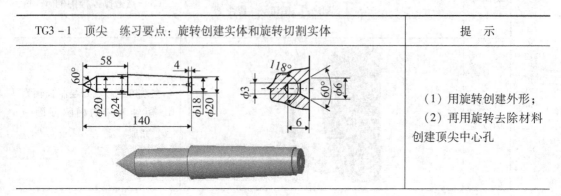	(1)用旋转创建外形; (2)再用旋转去除材料创建顶尖中心孔

TG3 – 2 旋钮 练习要点：旋转切割实体（旋转轴的恰当选择）	提 示
	（1）以主视轮廓的一半绘制封闭的截面，旋转创建旋钮基体； （2）旋转切割 1 个凹槽； （3）镜像得另外 1 个凹槽
TG3 – 3 弹簧 练习要点：扫描（曲面交线为轨迹）	提 示
	（1）拉伸三角形曲面； （2）创建螺旋曲面； （3）构建两个曲面的相交曲线； （4）扫描
TG3 – 4 水盆 练习要点：扫描（实体边作为轨迹扫描）	提 示
	（1）创建拉伸体，倒圆角； （2）抽壳； （3）以实体边线为轨迹线作底部及口部的扫描（可通过右键切换来选择完整轨迹线）

课题 4　混合实体特征建模

4.1　教学知识点

（1）平行混合特征的创建；
（2）旋转混合特征的创建；
（3）常规混合特征的创建；
（4）特征参数的修改，基准/参照的选用。

4.2　教学目的

了解混合的含义，理解"平行混合、旋转混合、常规混合"命令的含义，掌握将两个以上草绘截面通过三种混合方式创建实体模型的方法。

4.3　教学内容

4.3.1　基本操作步骤

1．平行混合特征

新建→零件→模型→形状→混合→实体（或曲面）→设置属性→截面：定义，绘制截面 1 ✔→截面：截面间深度，草绘→绘制截面 2 ✔→截面：插入，截面间深度，草绘→绘制截面 3 ✔→确定完成；

2．旋转混合特征

新建→零件→模型→形状→旋转混合→实体（或曲面）→设置属性→截面 1 和中心线 ✔→截面 2 和旋转角度 ✔→截面 3 和旋转角度 ✔→确定完成；

3．常规混合特征

新建→零件→"特征"→"创建"→"混合"→"常规"→截面和连接属性→完成→设置草绘平面进入草绘，绘制截面 1 和旋转坐标系→ ✔→输入 X、Y、Z 轴方向的旋转角度→绘制截面 2→ ✔（若有更多截面，选"是"继续，选"否"退出草绘）→输入截面间深度→确定完成。

4.3.2　操作要领与技巧

（1）混合特征类型有：混合为实体、混合为曲面、混合为薄板特征，可以加材料或减材料；

（2）混合属性："直"或"平滑"，具有不同的连接效果；

（3）混合特征需要至少两个以上的截面，各个截面要求节点数相同，起点位置对应，起点方向相同。如截面为圆时，应将圆打断成与其他截面相等边数；若节点数不够，可以通过"混合顶点"的方法凑够；

（4）点击可以作为特殊的截面，使混合时截面各顶点与混合顶点连接汇聚；

（5）选择旋转混合和常规混合时，需要确定是开放实体还是闭合实体；

（6）注意各截面起始点位置，错位时会出现混合扭曲变形。

4.4　基础篇

<h1 style="text-align:center">案例 4 – 1　垫　块</h1>

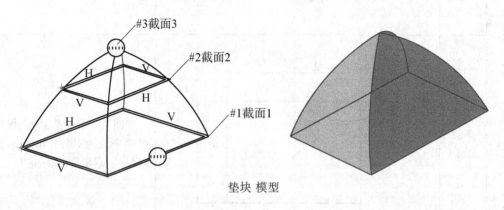

垫块 模型

学习任务：

完成垫块零件的实体模型设计，掌握平行混合特征创建的基本方法。

操作分析：

该零件结构对称，由上、下互相平行且大小不一的截面以及一个点均匀过渡构成，使用平行混合特征工具来创建实体特征，为保证垫块实体结构对称，草绘截面时应取参照中心为对称中心施加对称约束。

操作步骤：

任务	步骤	操作结果	操作说明
1 新建 文件		新建文件名：目录/SL4 – 1. prt	新建操作参见前例
2 创建平行混合特征	调用混合命令		点击"模型"→"形状"→"混合"→"实体"

任务	步骤	操 作 结 果	操 作 说 明
2 创建平行混合特征	定义截面	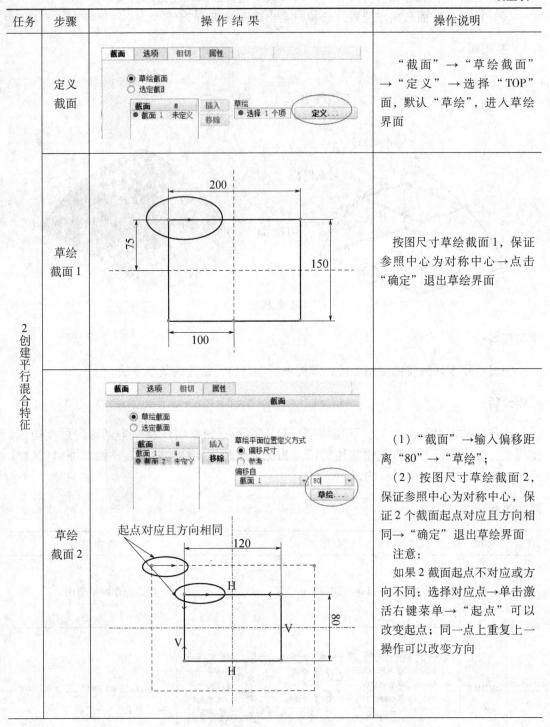	"截面"→"草绘截面"→"定义"→选择"TOP"面,默认"草绘",进入草绘界面
	草绘截面1		按图尺寸草绘截面1,保证参照中心为对称中心→点击"确定"退出草绘界面
	草绘截面2		(1)"截面"→输入偏移距离"80"→"草绘"; (2)按图尺寸草绘截面2,保证参照中心为对称中心,保证2个截面起点对应且方向相同→"确定"退出草绘界面 注意: 如果2截面起点不对应或方向不同:选择对应点→单击激活右键菜单→"起点"可以改变起点;同一点上重复上一操作可以改变方向

任务	步骤	操作结果	操作说明
2 创建平行混合特征	草绘截面3	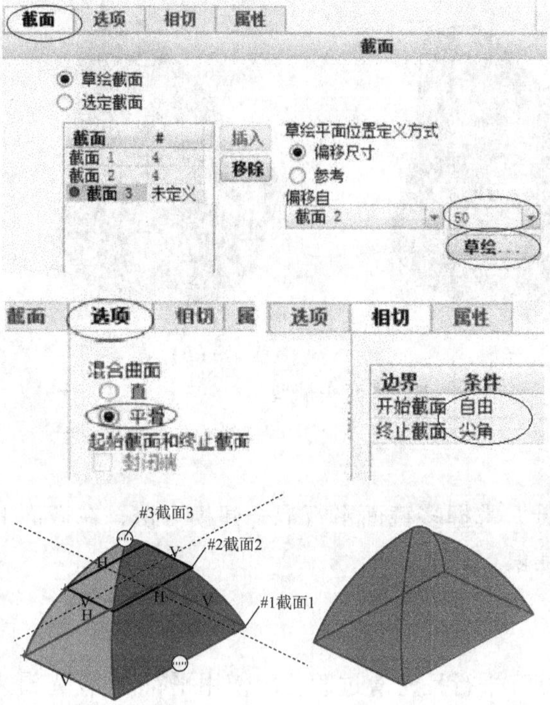	（1）"截面"→输入偏移距离"50"→"草绘"进入草绘界面； （2）在参照中心草绘一个点，→点击"确定"退出草绘界面→✓结果如图所示 注意： 观察均匀过渡边，不合格可以通过设置混合特征属性进行修改
	修改混合特征属性	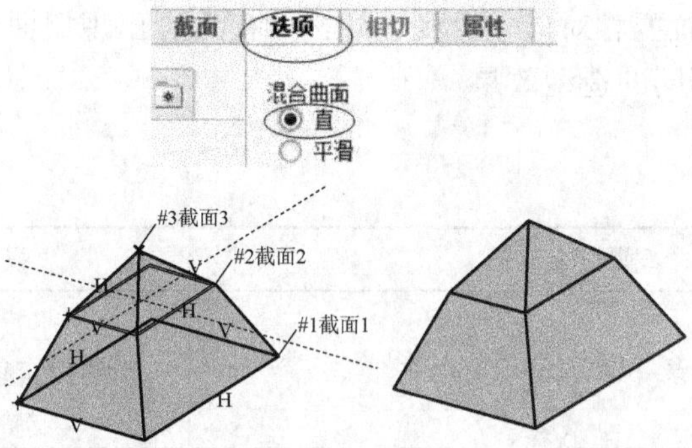	"选项"→"直"→点击✓结果如图所示
3 文件存盘	保存设计文件	按保存工具 🖫 完成存盘	如果要改变目录存盘或名称，可点"文件"→"另存为"保存模型的副本

案例 4－2　电吹风套头

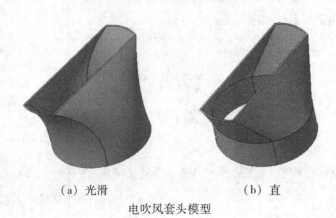

（a）光滑　　　　　　　（b）直

电吹风套头模型

教学任务：

完成电吹风套头零件设计，掌握多截面平行混合建模方法、在截面上加入截断点以及不同连接属性的平行混合建模。

操作分析：

该模型不同的各截面间相互平行且光滑过渡，故使用平行混合/光滑来创建。在草绘混合各截面时，要求各个截面具有相同的顶点数（增加顶点数可以通过截断点或者启用混合顶点），而且混合起点位置要相对应，否则创建出的模型会出现扭曲变形。另外，选择不同的连接属性可以得到不同的造型效果。

操作步骤：

任务	步骤	操作结果	操作说明
1 新建 文件		新建文件名：目录/SL4－2. prt	新建操作参见前例
2 创 建 平 行 混 合 特 征	调用 混合 命令		点击"模型"→"形状"→"混合"→"创建薄板特征"厚度为"2"
	草绘 截面 1	180　　48　　50	（1）"截面"→"草绘截面"→"定义"→选择"TOP"面，默认"草绘"，进入草绘界面； （2）按图尺寸草绘截面1，保证参照中心为对称中心→"确定"，退出草绘界面

任务	步骤	操 作 结 果	操 作 说 明
2 创建平行混合特征	草绘截面2		（1）"截面"→输入偏移距离"80"→默认"草绘"，进入草绘界面； （2）按图尺寸草绘 φ130 圆截面 2（要求 2 个截面的节点数必须相同，起点对应且方向相同，现三个要求均不满足），需做如下修正： 1）"分割"工具 在与第一截面交点处截断，生成与第一个截面相等的顶点数（4个），注意先打断点 1，保证以点 1 为起点； 2）修正截面方向：选择点1（变红）→在红色点 1 上单击右键激活菜单→点击"起点"，改变起点方向→点击"确定"，退出草绘界面

任务	步骤	操作结果	操作说明
2 创建平行混合特征	草绘截面 3	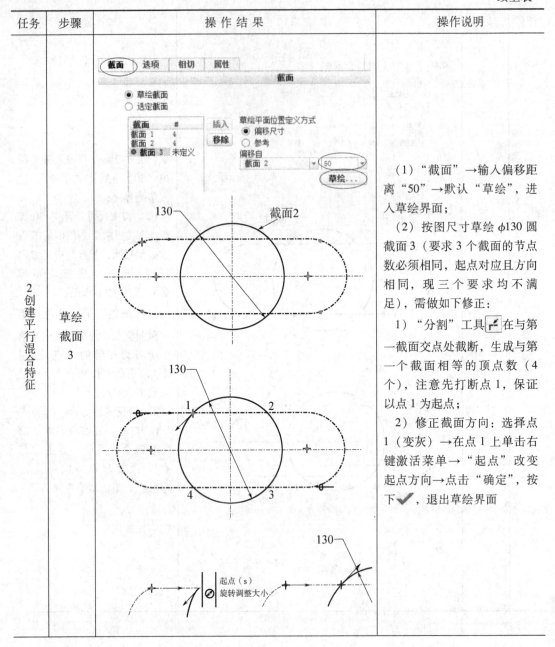	（1）"截面"→输入偏移距离"50"→默认"草绘"，进入草绘界面； （2）按图尺寸草绘 φ130 圆截面 3（要求 3 个截面的节点数必须相同，起点对应且方向相同，现三个要求均不满足），需做如下修正： 1）"分割"工具 在与第一截面交点处截断，生成与第一个截面相等的顶点数（4个），注意先打断点 1，保证以点 1 为起点； 2）修正截面方向：选择点1（变灰）→在点 1 上单击右键激活菜单→"起点"改变起点方向→点击"确定"，按下 ，退出草绘界面

续上表

任务	步骤	操 作 结 果	操 作 说 明
2 创建平行混合特征	设置混合特征属性	截面 **选项** 相切 属 混合曲面 ○ 直 ● 平滑 起始截面和终止截面 □ 封闭端 截面 **选项** 相切 **属性** 混合曲面 ● 直 ○ 平滑 起始截面和终止截面 □ 封闭端	（1）"选项"→"平滑"→点击 ✔ 结果如图所示； （2）或"选项"→"直"→点击 ✔ 结果如图所示
3 文件存盘	保存设计文件	按保存工具 🖫 完成存盘	如果要改变目录存盘或名称，可点"文件"→"另存为"保存模型的副本

案例 4 – 3 环形垫块

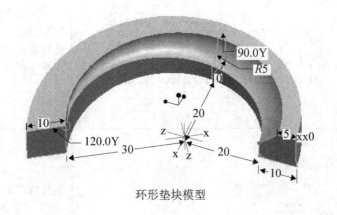

环形垫块模型

教学任务：

完成环形垫块实体模型设计，掌握创建旋转混合的基本方法以及混合顶点的应用。

操作分析：

该模型由三个异形截面经过旋转混合而成，因构建混合特征要求各截面顶点数一样多，故四边形截面需要使用混合顶点，使该顶点当作两个顶点来用，同时和其他截面上的两个顶点相连。在创建旋转混合特征时，需要设定截面间的旋转角度，草绘添加参照坐标系作为旋转中心，并标注旋转半径。

操作步骤：

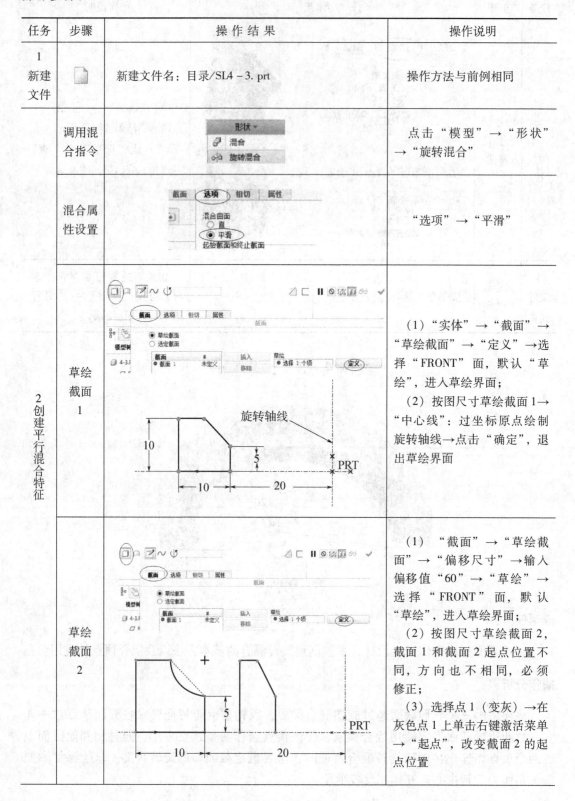

任务	步骤	操 作 结 果	操作说明
1 新建文件	📄	新建文件名：目录/SI4 – 3. prt	操作方法与前例相同
2 创建平行混合特征	调用混合指令	形状▾ ⚡ 混合 ◔ 旋转混合	点击"模型"→"形状"→"旋转混合"
	混合属性设置	截面　选项　相切　属性 混合曲面 ○ 直 ◉ 平滑 起始截面和终止截面	"选项"→"平滑"
	草绘截面1		（1）"实体"→"截面"→"草绘截面"→"定义"→选择"FRONT"面，默认"草绘"，进入草绘界面； （2）按图尺寸草绘截面1→"中心线"：过坐标原点绘制旋转轴线→点击"确定"，退出草绘界面
	草绘截面2		（1）"截面"→"草绘截面"→"偏移尺寸"→输入偏移值"60"→"草绘"→选择"FRONT"面，默认"草绘"，进入草绘界面； （2）按图尺寸草绘截面2，截面1和截面2起点位置不同，方向也不相同，必须修正； （3）选择点1（变灰）→在灰色点1上单击右键激活菜单"起点"，改变截面2的起点位置

任务	步骤	操 作 结 果	操作说明
2 创建平行混合特征	草绘截面3		（4）重复步骤（3）改变截面2的起点方向→点击"确定"，退出草绘界面 （1）"截面"→"草绘截面"→"插入"：出现"截面3"→"偏移尺寸"→输入偏移值"120"→"草绘"→选择"FRONT"面，默认"草绘"，进入草绘界面； （2）按图尺寸草绘截面2，截面3和截面1节点数不同（截面1有5个，截面3有4个，需增加1个），起点位置不同，方向也不相同，必须修正截面3； （3）选择点1（变灰）→在灰色点1上单击右键激活菜单→"起点"，改变截面2的起点位置； （4）重复步骤（3）改变截面2的起点方向； （5）选择点2（变灰）→在灰色点1上单击右键激活菜单→"混合顶点"，使2点相当于2个节点→"确定"✓，退出草绘界面→✓
3 文件存盘	保存设计文件	按保存工具 💾 完成存盘	如果要改变目录存盘或名称，可点"文件"→"另存为"

任务	步骤	操作结果	操作说明
4 体验	混合属性修改体验	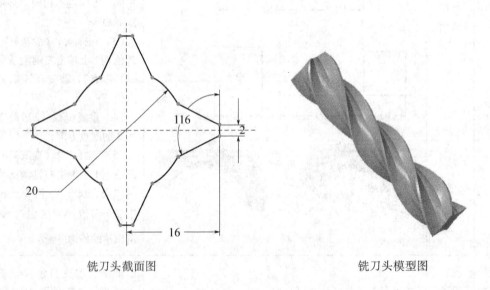	（1）右键单击模型树的"旋转混合"→"编辑选定对象的定义" ； （2）"选项"→"直"→
5 文件存盘	保存设计文件	按保存工具 完成存盘	如果要改变目录存盘或名称，可点"文件"→"另存为"

案例 4 - 4　铣刀头

铣刀头截面图　　　　　　　　　　铣刀头模型图

教学任务：

完成钻头零件实体设计，掌握创建常规混合实体特征的基本方法。

操作分析：

常规混合比旋转混合具有更高的自由度，可以分别定义 X 轴、Y 轴和 Z 轴的旋转角度。钻头模型可以看作由若干相同的截面相对 X、Y 轴旋转角度为零（即相互平行），相对 Z 轴（即中心线）旋转混合而成。由于各截面相同，可以先草绘二维截面后保存文件，在进入截面绘制时直接导入二维截面文件。

操作步骤：

任务	步骤	操作结果	操作说明
1 新建 文件		新建文件名：目录/SI4 – 4. prt	新建操作参见前例
2 调用混合指令	配置 编辑器	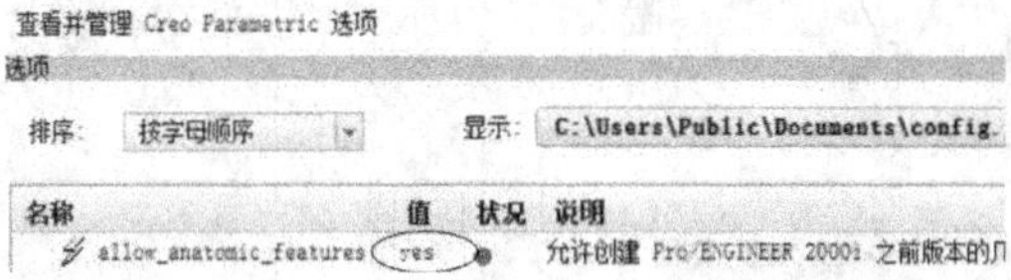 查看并管理 Creo Parametric 选项 选项 排序：按字母顺序　显示：C:\Users\Public\Documents\config. 名称　值　状况　说明 allow_anatomic_features　yes　允许创建 Pro/ENGINEER 2000i 之前版本的几	"文件"→"选项"→ "配置编辑器"→搜索："al- low_ anatomic_ features" 赋值 为 "yes" → "完成"
	调用常 规混合 指令	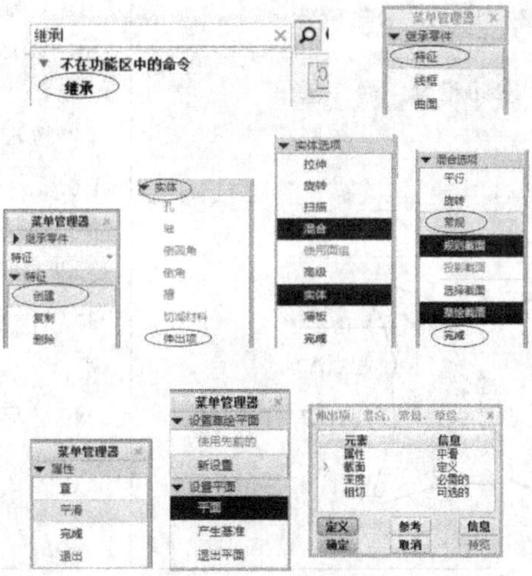	（1）搜索"继承"命令→ 双击"继承"→"特征"→ "创建"→"实体""伸出项" →"混合""实体"→"常 规""规则截面""草绘截面" "完成"； （2）"平滑""完成"； （3）"平面"→选择"TOP" 基准面→"确定"→"默认"， 进入"混合. 常规. 草绘" 菜单
3 创建常规混合特征	草绘 截面 1	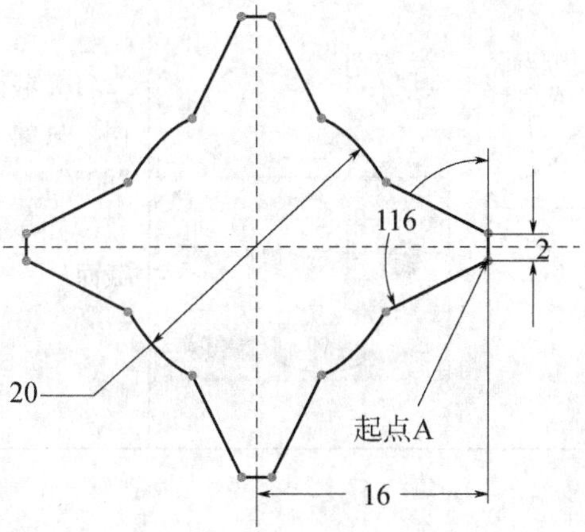	草绘如图所示截面 1

续上表

任务	步骤	操 作 结 果	操 作 说 明
3 创建常规混合特征	放置坐标	起点 放置坐标 截面1	（1）点击"坐标系"坐标系于中心插入坐标系作为旋转参照； （2）创建截面1（含坐标系）→"复制"； （3）"文件"→"另存为"，保存文件为4-4.SEC； （4）按✔完成
	创建截面2	给截面2 输入 x_axis旋转角度（范围:+-120） 0.00 给截面2 输入 y_axis旋转角度（范围:+-120） 0.00 给截面2 输入 z_axis旋转角度（范围:+-120） 45 // 0.00000 ⊥ 0.000000 ∠ 45 ⤢ 1 ✔ 起点A 截面2	（1）输入截面2旋转角度"X0，Y0，Z45"； （2）"粘贴"（或"草绘"→"数据来自文件"→"文件系统"→导入截面1草绘文件4-4.SEC）；→拖动控制点放置于中心，输入角度"45°"，缩放值设为"1"→✔； （3）点击"是"继续下截面
	创建截面3	// 0.00000 ⊥ 0.000000 ∠ 90 ⤢ 1 ✔ 起点截面3 确认 ✕ ❓ 继续下一截面吗? (Y/N)： 是(Y)　否(N)	（1）截面3方法与截面2相同，只是改变输入角度为"90°"； （2）单击"是"继续下一截面

续上表

<table>
<tr><th>任务</th><th>步骤</th><th>操作结果</th><th>操作说明</th></tr>
<tr><td rowspan="3">3
创建常规混合特征</td><td>创建
截面4</td><td>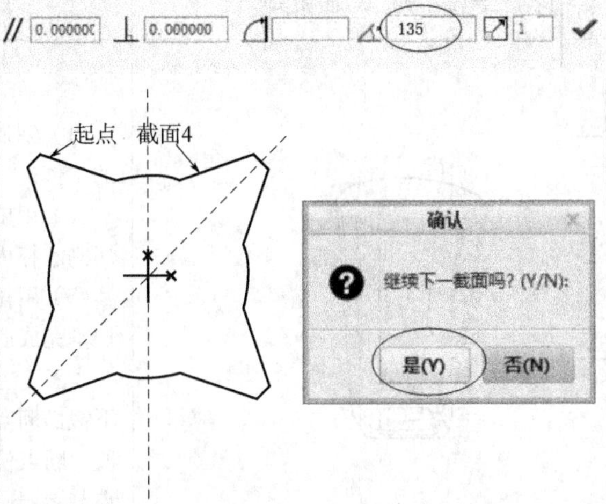
0.000000
0.000000
135
1
起点
截面4
确认
继续下一截面吗? (Y/N):
是(Y)
否(N)</td><td>（1）截面4方法与截面2相同；只是改变输入角度为“135°”；
（2）单击“是”继续下一截面</td></tr>
<tr><td>创建
截面5</td><td>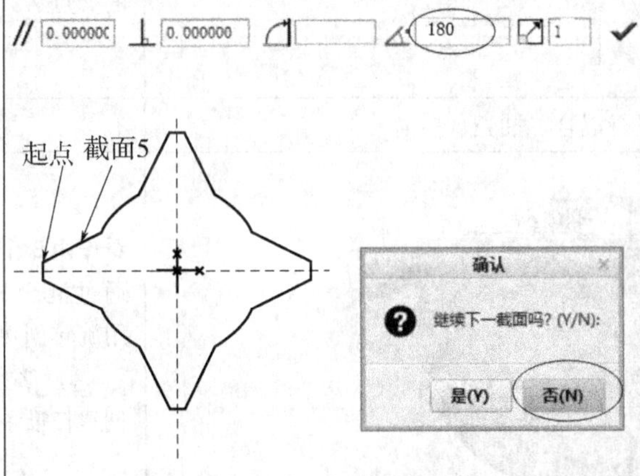
0.000000
0.000000
180
1
起点
截面5
确认
继续下一截面吗? (Y/N):
是(Y)
否(N)</td><td>（1）截面5方法与截面2相同；只是改变输入角度为“180°”；
（2）点击“否”，截面5为最后一个截面；
（3）输入截面深度值“40”✔，重复4次</td></tr>
<tr><td>输入各
截面间
深度</td><td>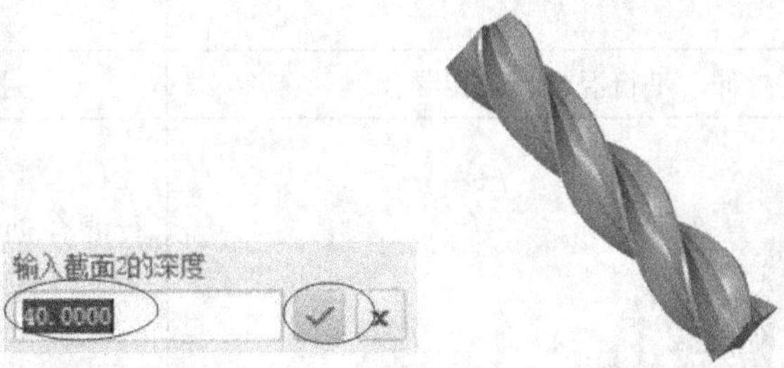
输入截面2的深度
40.0000</td><td>（1）在弹出的消息框中输入各截面间的距离均为10；
（2）点击“否”结束→✔确定，结果如图所示</td></tr>
<tr><td>4
文件
存盘</td><td>保存
设计
文件</td><td>按保存工具💾完成存盘</td><td>如果要改变目录存盘或名称，可点“文件”→“另存为”</td></tr>
</table>

4.5 提高篇

TG4－1　水杯　练习要点：平行混合、旋转切割、拉伸切割	提　示
（图示）	（1）创建平行混合特征的主体； （2）用旋转去材料功能切割水杯内壁； （3）用拉伸去材料功能切割完成底部凹槽； 注意：上截面圆应参照下截面断点位置打断为 8 段，断点位置在下截面断点与参照中心延长线和圆的交点
TG4－2　汤锅　练习要点：平行混合、抽壳、扫描	提　示
（图示）	（1）汤锅的主体可以看作由 3 个平行的圆截面通过混合构建（也可以用旋转创建）； （2）必须先抽壳后再创建扫描手柄； （3）扫描手柄要用"合并终点"
TG4－3　钩形座　练习要点：拉伸、平行混合、旋转混合	提　示
（图示）	（1）底座用拉伸＋平行混合创建（也可以只用平行混合创建）； （2）钩形部分用旋转混合创建，第一截面为底座上表面，第二、第三截面分别为椭圆和圆，均绕 Y 轴旋转 60°（尺寸比例自定）

水杯图注：$\phi 80$、$\phi 78$、$\phi 46$、120、6、3、46×46、$R8$、3

续上表

TG4－4　钻头　练习要点：常规混合	提　示

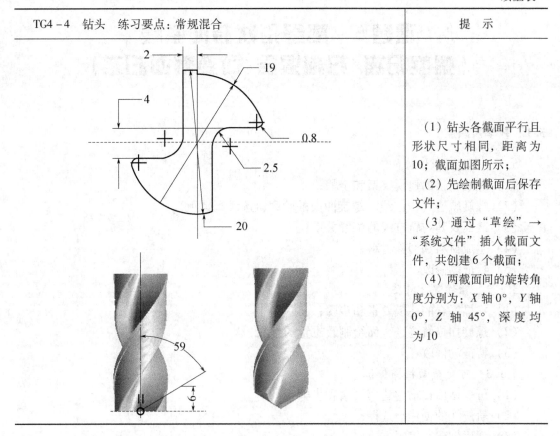

（1）钻头各截面平行且形状尺寸相同，距离为10；截面如图所示；

（2）先绘制截面后保存文件；

（3）通过"草绘"→"系统文件"插入截面文件，共创建6个截面；

（4）两截面间的旋转角度分别为：X轴0°，Y轴0°，Z轴45°，深度均为10

课题 5　高级形状特征建模
（螺旋扫描／扫描混合／可变截面扫描）

5.1　教学知识点

5.1.1　螺旋扫描特征
（1）螺旋扫描的建模要素和步骤；
（2）螺旋轨迹（中心线、螺旋曲面的轮廓轨迹线和螺距）；
（3）截面及其与轨迹线的位置关系；
（4）生成材料和切除材料；
（5）特征的修改。

5.1.2　扫描混合特征
（1）扫描混合的建模要素和步骤；
（2）螺旋扫描轨迹、截面绘制及位置的选取；
（3）特征的修改。

5.1.3　可变截面扫描特征
（1）可变截面扫描的建模要素和步骤；
（2）轨迹线的创建与选择；
（3）截面创建及控制方式；
（4）特征的修改。

5.2　教学目的

了解螺旋扫描、扫描混合和可变截面扫描实体特征的应用特点，掌握这三种特征的建模方法。

5.3　教学内容

5.3.1　基本操作步骤

1. 螺旋扫描

"模型" → "扫描" → "螺旋扫描" → ☐实体（薄特征/曲面/切口等）→设置属性（"参考"/"间距""选项""属性"等）→设置起点（中心线和轨迹线）→草绘截面 ✔ →预览→ ✔ 完成。

2. 扫描混合

⚞草绘轨迹→"模型" → "扫描混合" → ☐实体（薄特征/曲面/切口等）→参考设置选取轨迹、截面位置及角度→绘制各个截面→ ✔ →预览→ ✔ 完成。

3. 可变截面扫描

⟫草绘轨迹曲线→"扫描"🔧扫描→"可变截面扫描"→□实体（或⌂为曲面）→参照设置、选取轨迹、设置轨迹（X 轨迹、原点轨迹等）→绘制截面→✔→✅。

5.3.2 操作要领与技巧

（1）螺旋扫描特征的扫描轨迹线是假想螺旋线，由扫描外形线和螺旋节距定义，其不会在特征几何上显现出来，因此绘制扫描外形线时必须绘制旋转轴线和轮廓轨迹线，注意轮廓轨迹线不能为封闭的曲线，且不能与旋转轴的法线相切。

（2）扫描混合同时具有扫描和混合的双重特点，要求各截面几何图元数要相等，起始点方向相同；当扫描轨迹线是开放的，在轨迹线的起始点和终点处必须要建立截面；当扫描轨迹线是闭合的，该轨迹线必须要存在两个或两个以上的断点，而截面可以建立在这些断点处。

（3）可变截面扫描是将草绘截面约束到多条轨迹或者使用 trajpar 参数关系将草绘截面沿着轨迹链变化；轨迹或轨迹链应在执行可变截面扫描功能之前创建；

（4）两种特征都可以生成材料和去除材料。

5.4 基础篇

案例 5 -1 锥形压缩弹簧

锥形压缩弹簧模型图

教学任务：

完成锥形压缩弹簧实体模型设计，掌握螺旋扫描特征的建模要素、步骤和方法，并熟悉加材料的应用方法。

操作分析：

扫描混合建模方法适合于创建弹簧、内外螺纹等形状复杂的零件特征。

（1）锥形弹簧：根据弹簧的三个要素：属性、轨迹和截面，创建步骤如下："模型"→"扫描"→"螺旋扫描"→定义弹簧属性→创建扫描轨迹（中心距、路径、选择螺距大小）→创建截面→修改完成✅。

（2）此处不考虑弹簧设计计算过程。

操作步骤：

任务	步骤	操 作 结 果	操 作 说 明
1 新建 文件	（图标）	新建文件名：目录/SL5-1.prt	新建操作参见前例
	启动 命令	进入螺旋扫描界面	"模型"→"扫描"→ "螺旋扫描"
2 创 建 螺 旋 柱 形 扫 描 特 征	形状 设计	**螺旋扫描轮廓** 选择1个项　定义... 轮廓起点　反向 旋转轴 内部 CL 截面方向 ● 穿过旋转轴 ○ 垂直于轨迹 轴线　路径　中径　60　40	（1）"参考"→"穿过旋转 轴""定义"→选择"FRONT" 基准面→默认"草绘"； （2）绘制中心线、弹簧路 径（高度）为60、中径为40 →点击 ✔ 完成
	定义可 变节 距、 截面	参考 | **间距** | 选项 | 属性 | # | 间距 | 位置类型 | 位置 | | 1 | 2 | | 起点 | | 2 | 2 | | 终点 | | 3 | 2 | 按值 | 3 | | 4 | 4 | 按值 | 9 | | 5 | 4 | 按值 | 51 | | 6 | 2 | 按值 | 57 | 添加间距 参考 | 间距 | **选项** | 属性 □ 封闭端 沿着轨迹 ● 保持恒定截面 ○ 改变截面 截面 2	（1）点击"添加间距"→ 输入如图所示的间距值和位 置值； （2）"草绘" ✎ →φ2 截面 圆图形→✔ ； （3）"选项"→"保持恒定 截面"→☑

续上表

任务	步骤	操 作 结 果	操 作 说 明
3 创建螺旋锥形扫描特征	修改路径	20 路径 60 40	（1）右键单击模型树的"螺旋扫描1"→"编辑选定对象的定义" ； （2）"参考"→"编辑"→如图尺寸修改路径 ✓ → ☑，结果如图所示
4 文件存盘	保存设计文件	按保存工具 💾 完成存盘	如果要改变存盘目录，也可选择"另存为"

案例 5 – 2 螺 栓

教学任务：

完成螺栓实体模型设计，掌握螺旋扫描特征的建模要素、步骤和方法，并熟悉减材料的应用方法。

操作分析：

螺旋扫描建模方法适合于创建弹簧、内外螺纹等复杂零件特征。

1. 螺栓零件可分3个部分：螺栓基体、外螺纹特征和螺纹收尾特征；

2. 螺栓基体可用拉伸命令创建；外螺纹特征可用螺旋扫描创建；螺纹收尾特征则用前面所学的旋转混合 旋转混合 命令创建；

3. 螺纹和弹簧都用螺旋扫描命令来创建，但螺纹的创建通常是通过从已有模型上切除部分材料。

螺栓模型图

任务	步骤	操 作 结 果	操 作 说 明
1 新建 文件		新建文件名：目录/SL5－2. prt	新建操作参见模块一内容
2 创建螺栓基本体	拉伸 螺杆	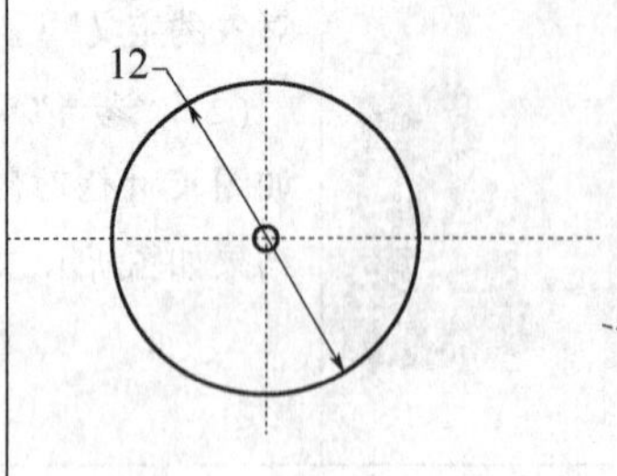 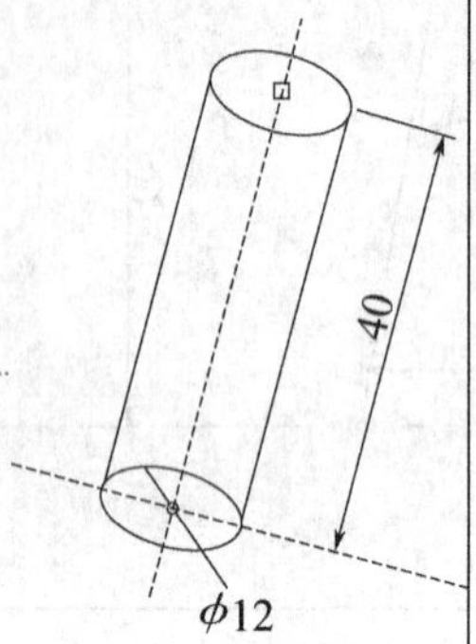 12 $\phi 12$ 40	"模型"→"拉伸"→以 "TOP"面为草绘面绘制 $\phi 12$ 的圆截面 ✔ →拉伸长为 "40"的圆柱→点击☑完成
	拉伸 螺栓头	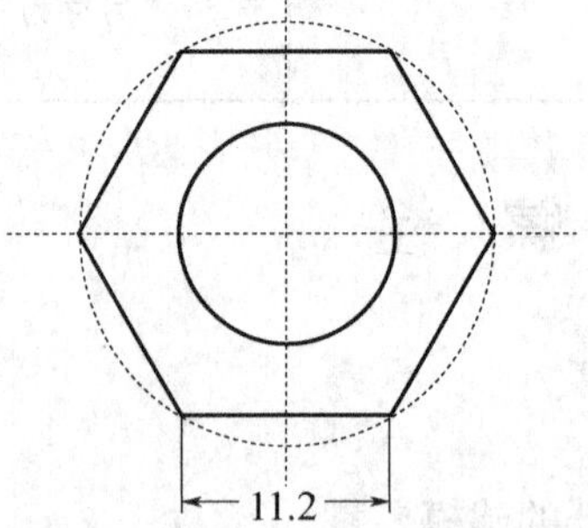 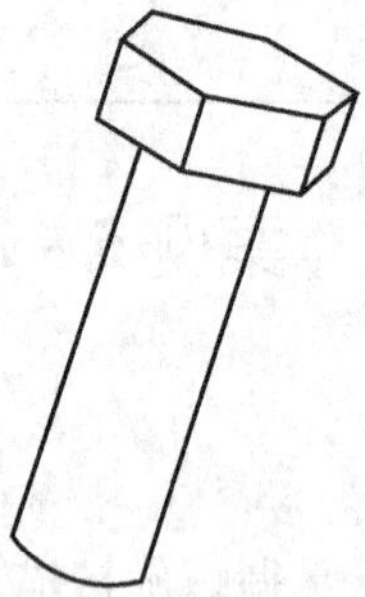 11.2	（1）"拉伸"→以圆柱上表 面为草绘面绘制边长为 "11.2"的正六边形 （2）拉伸长为"7"的正六 棱柱→点击☑完成
	倒角	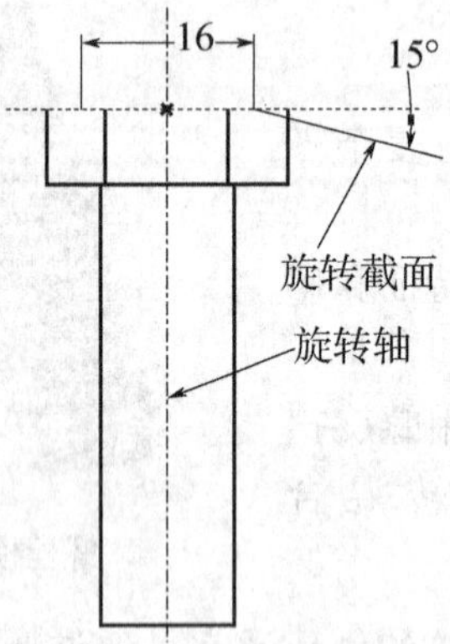  16　　15° 旋转截面 旋转轴	（1）采用 ⌖ 旋转命令→以 "FRONT"面为草绘面→草绘 如图边定位尺寸为"16"，倾 斜15°的直线（旋转截面）→ 草绘旋转轴线→ ✔ 退出草绘 界面→点击☑完成； （2）启动 ◇ 倒角命令→ 选择螺栓杆端面边界圆→选择 "$45 \times D$"，输入 D 值"1.5" →按☑完成

任务	步骤	操 作 结 果	操作说明
	启动螺旋扫描命令		"模型"→"扫描"→"螺旋扫描"→输入螺距值"1.5"→"移除材料"
	草绘轨迹	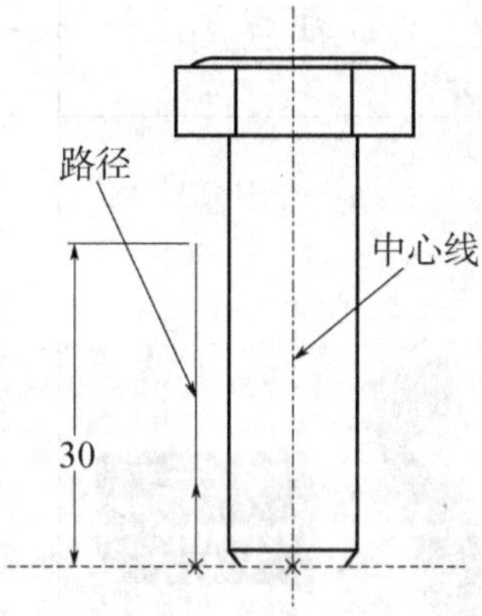	（1）"参考"→"穿过旋转轴""定义"→选择"FRONT"基准面→默认"草绘"； （2）绘制中心线、螺纹路径（高度）为30→点击✔完成，退出草绘器
3创建螺栓外螺纹	草绘截面	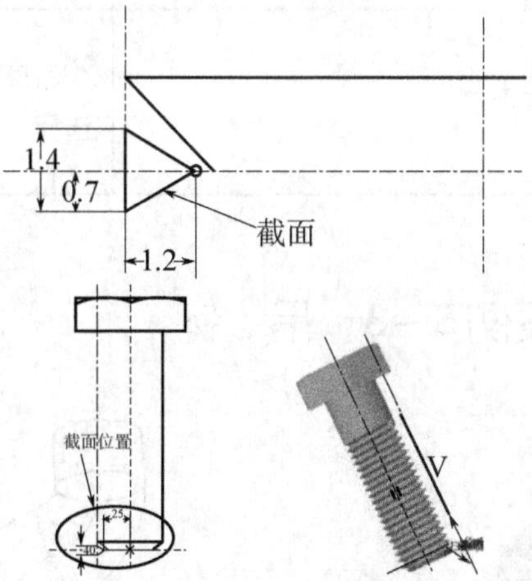	（1）在指定位置草绘截面图如图所示：定位尺寸1.2，形状尺寸1.4→按✔完成，退出草绘器； （2）出现指向实体外的箭头→正向→按✔完成退出； （3）如果对效果不满意或不成功，则用"编辑选定对象的定义"进行修改至满意
	观察	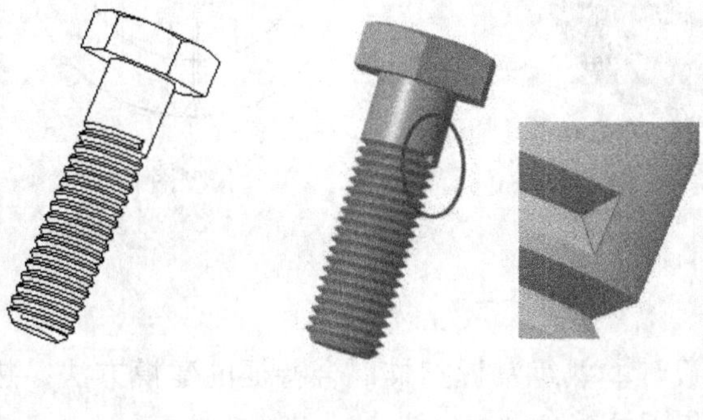	观察螺纹收尾处，不符合加工特征，如果追求完美，读者可以自行运用"旋转混合"方法创建螺纹收尾特征。以下介绍螺纹收尾线的简单方法

续上表

任务	步骤	操作结果	操作说明
4 创建螺栓外螺纹收尾特征	启用编辑定义	□ ⌒ ⌀ ⃠ ⌐ ⤢ 1.5 ⌣ ⌣ **参考** 间距 选项 属性 螺旋扫描轮廓 **模型树** 内部 轮廓截面 **编辑...**	对"▶ ⌀⌀⌀ ※螺旋扫描1"进行"编辑选定对象的定义"回到"螺旋扫描"操控板→"参考"→"编辑"回到草绘器
	修改路径	收尾路径 V 30	"直线"绘制收尾路径→✔退出草绘器→按☑完成
5 文件存盘	保存设计文件	按保存工具 🖫 完成存盘	如果要改变存盘目录，也可选择"另存为"

案例5-3 吊 钩

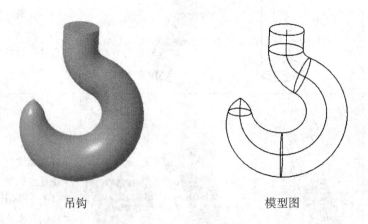

吊钩   模型图

教学任务：

完成吊钩零件实体模型设计。熟练掌握扫描混合特征的建模方法，熟悉扫描混合特征创建各种要素设置，进一步了解综合设计方法。

操作分析：

该零件分两个步骤创建：

（1）创建吊钩的弯钩部分：创建一条轨迹线→在轨迹的端点和各断点位置创建截面（至少两个）→参考设置 ✔。

（2）采用扫描方法创建吊钩的吊环：应用扫描方法。

操作步骤：

任务	步骤	操 作 结 果	操 作 说 明
1 新建 文件		新建文件名：目录/SL5－3. prt	新建操作参见前例
2 创建 吊钩 扫描 轨迹	绘制 轨迹	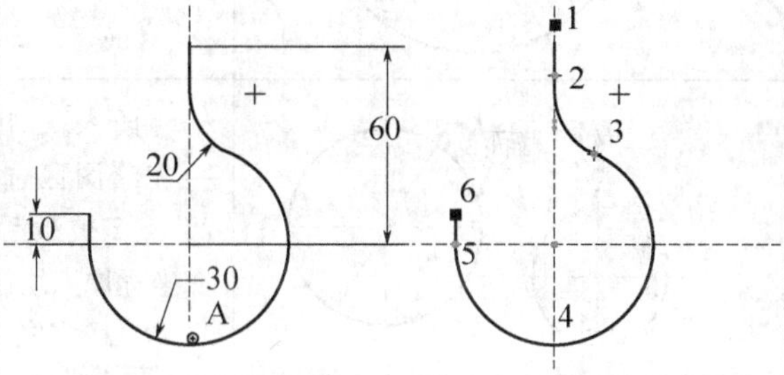	（1）"草绘"→选择"FRONT"面→绘制如图所示轨迹线； （2）用" ⚡分割 "命令将圆弧在下方 A 点处打断，轨迹共有 6 个节点→按 ✔ 退出草绘界面
3 创建 吊钩 实体	执行扫 描混合 命令		"模型"→"扫描混合" ⚙ →"实体" ▢ →"参考"，进入扫描混合操控板
	选择轨 迹设置 参考	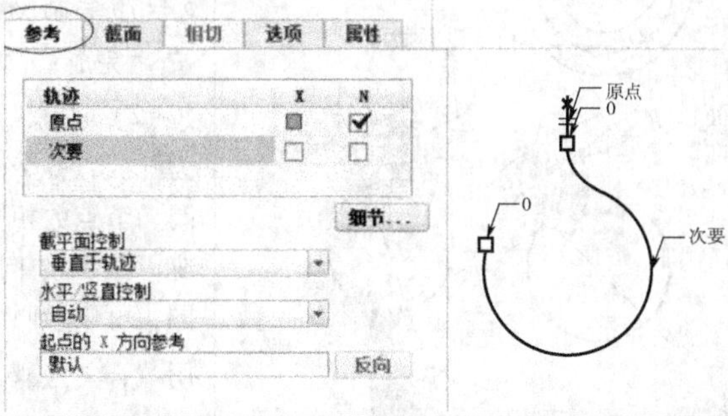	（1）选择上一步草绘的图形（当轨迹为唯一时系统自动选择）作为扫描轨迹； （2）控制条件设置如图所示

任务	步骤	操 作 结 果	操 作 说 明
3 创建吊钩实体	绘制截面1		"截面"→"草绘截面"→在绘图区选择激活轨迹的顶端起点1→操控板中选择"草绘",进入草绘器→在坐标原点绘制φ12圆形截面1→✔
	绘制截面2		"插入",出现"截面2"→在绘图区选择轨迹上的点2,点2被激活→"草绘"→在坐标原点绘制φ12圆形截面2→按✔完成
	绘制截面3 截面4 截面5 截面6		(1)重复以上步骤分别绘制φ13圆形截面3,φ15圆形截面4,φ8圆形截面5,截面6只需绘制一个点,→✔→按☑完成; (2)注意:本例因为轨迹为开放,各个截面必须同时封闭,节点数相同,起点位置对应,截面方向相同。如不相同,可以参照混合建模方法采用"┗ᐟ**分割**"或"混合顶点"增加节点数,采用"起点"改变起点位置或截面方向;读者可以自行实践
4 文件存盘	保存设计文件	按保存工具 🖫 完成存盘	如果要改变存盘目录,也可以选择"另存为"

案例5-4 油 壶

教学任务：

完成油壶实体模型设计。掌握使用可变截面扫描建模方法创建模型的要素和步骤。

操作分析：

该零件的特点是，多处截面不一致，Creo 3.0软件提供的可变截面扫描方法可以快速完成此类特征的创建。可变截面扫描特征建模有三个要素：原点轨迹链、一般轨迹链（可以是多条）和截面。

该零件创建可分为4个步骤：草绘轨迹链（包括原点轨迹链、一般轨迹链）→创建截面→创建倒圆角→抽壳。

油壶模型

操作步骤：

任务	步骤	操 作 结 果	操作说明
1 新建 文件		新建文件名：目录/SL5-4.prt	新建操作参见前例
2 创 建 轨 迹 链	草绘原 点轨迹 链、 链1、 链2	 原点轨迹链 轨迹链1 轨迹链2 （尺寸：15、13、5、20、200、140、65）	"草绘"→"FRONT"面 绘制如图所示尺寸3条轨迹链 →✓
	创建链 3、链4	 轨迹链3 轨迹链4 （尺寸：15、15、5、20、200、140、40）	"草绘"→"RIGHT"面 绘制如图所示尺寸轨迹链3和 轨迹链4→✓

任务	步骤	操作结果	操作说明
3 创建可变截面扫描	执行可变截面扫描命令		"模型"→"扫描",进入扫描操控板→"实体"→"可变截面扫描"
	设定轨迹线		(1)"参考"→设置如图所示; (2)按住 Ctrl 键,依次点选原点轨迹链、轨迹链 1、轨迹链 2、轨迹链 3、轨迹链 4,结果如图所示
	创建截面		(1)操控板上点击"草绘"→草绘如图所示椭圆,并约束到 4 条轨迹链的端点→; (2)模型树中隐藏 5 条轨迹链。 注意: 截面与 X 轨迹、一般轨迹必须有约束或尺寸关系
4 创建倒圆	倒圆		倒圆角→输入圆角半径"2"→选择油壶上、下方边线→
5 抽壳	抽壳	10_THICK	(1)在工具栏选取 工具; (2)选择油壶口的上表面为开放面; (3)输入厚度值为"5"; (4)按完成抽壳
6 文件保存	保存设计文件	按保存工具 完成存盘	如果要改变存盘目录,点击"另存为"

5.5　提高篇

TG5-1　柱形拉伸弹簧　练习要点：螺旋扫描（弹簧）	提　要
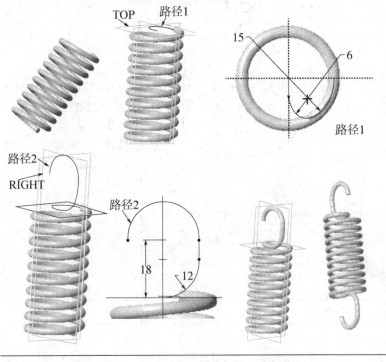	（1）"螺旋扫描"创建等距圆柱螺旋弹簧本体，高68，中径30，簧丝直径2； （2）"TOP"草绘路径1； （3）"RIGHT"草绘路径2，保证与路径1相接； （4）"扫描"拉钩1； （5）用相同方法创建另一端拉钩
TG5-2　非标准螺母　练习要点：螺旋扫描（内螺纹）	提　示
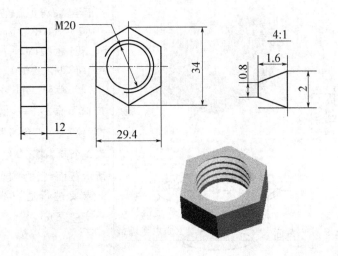	（1）拉伸螺母基体，深度12； （2）梯形螺纹：用"螺旋扫描"→"切口"命令创建螺纹，螺距为3； （3）注意：截面应沿直径为20的圆柱向外侧创建

TG5-3 拐杖 练习要点：扫描混合（薄板特征）	提 要
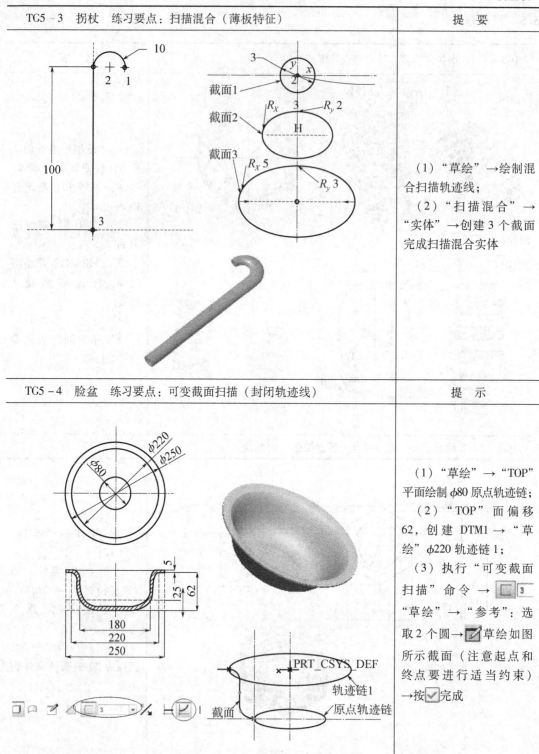	（1）"草绘"→绘制混合扫描轨迹线； （2）"扫描混合"→"实体"→创建 3 个截面完成扫描混合实体

TG5-4 脸盆 练习要点：可变截面扫描（封闭轨迹线）	提 示
	（1）"草绘"→"TOP"平面绘制 φ80 原点轨迹链； （2）"TOP"面偏移 62，创建 DTM1→"草绘"φ220 轨迹链 1； （3）执行"可变截面扫描"命令 → "草绘"→"参考"：选取 2 个圆→草绘如图所示截面（注意起点和终点要进行适当约束）→按 完成

课题6 工程特征建模
（壳/孔/倒圆角/倒角/拔模/筋）

6.1 教学知识点

6.1.1 壳特征

（1）参考设置：移除曲面选择（一个或多个）、非默认厚度设置、厚度设置、方向设定等；

（2）选项设置：排除曲面设定、曲面延伸设置、防穿透设置等；

（3）带有岛屿类零件的抽壳特征创建。

6.1.2 孔特征：简单孔、标准孔和草绘孔的创建

（1）参照设置：圆孔放置位置、圆孔定位尺寸参照

（2）定义圆孔深及直径、草绘圆孔截面。

6.1.3 倒圆角特征：简单倒圆角和高级倒圆角（过渡区倒圆角）

（1）参照：边线倒圆角、面与边倒圆角、面与面倒圆角、贯通曲线倒圆角、完全倒圆角、变化半径倒圆角等的参照选择；

（2）倒圆角半径的设置。

6.1.4 倒角特征

（1）边倒角、边倒角形式（$D \times D$、$D_1 \times D_2$、角度$\times D$、$45 \times D$）；

（2）过渡区倒角、过渡区倒角过渡形式（默认相交、曲面片、拐角平面）。

6.1.5 拔模特征

（1）选定拔模面、拔模枢轴、拔模方向和拔模角度；

（2）通过对象分割法，对两侧同时拔模，通过改变拔模方向生成材料或去除材料。

6.1.6 筋特征

（1）筋特征：筋特征参照的选择、基准面的选择、筋生成厚度方向和材料生长方向的选择；筋特征截面的绘制；

（2）空心筋特征的创建。

6.2 教学目的

通过本课题学习，了解放置型实体特征的创建思路，掌握这些特征的创建和应用方法。

6.3 教学内容

6.3.1 基本操作步骤及常用指令操作

1. 壳特征

▣ 壳→移除面→壳厚度→厚度方向→ ✓ ；

2. 孔特征

（1）简单孔：⬚ 孔→ ⊔ 简单孔、钻孔轮廓 ⊔ →放置（孔放置面）→偏移参照→尺寸→ ✓ ；

（2）标准孔：⬚ 孔→ ▧ （标准孔）→螺纹类型（ISO）及形状控制→放置（孔放置面）→偏移参照→尺寸→ ✓ ；

（3）草绘孔：⬚ 孔→ ⊔ （简单孔）、钻孔轮廓 ∧ →放置面选择→偏移参照→ ▨ 草绘孔的旋转截面→ ✓ 。

3. 倒圆角

▷ 倒圆角 → ⅄ →设置→选择参照→输入半径→ ✓ 。

4. 倒角

（1）边倒角：边倒角 ◺ 倒角→参照→倒角形式→参数→倒角特征设置 ⅄ （或 ⅄ ）→尺寸→ ✓ ；

（2）拐角倒角：插入→倒角→拐角类型→选择角点（过渡位置）→选出/输入→输入值→确定。

6.3.2 操作要领与技巧

（1）工程特征属于放置型特征，只能在已有特征的基础上进行创建；

（2）筋特征的截面必须开放；

（3）孔特征必须指定圆孔的放置面并进行孔的中心定位，普通孔是直接输入直径，标准孔是系统按工业标准提供；

（4）倒圆角特征在零件设计中起到减少尖角造成的应力集中，有助于变化造型，起到美观的作用。在设计中尽可能晚些建立倒圆角特征，而且为避免创建从属于倒圆角特征的子特征，在选择特征基准时尽量不要以圆角边为参照边，以免以后改变设计时产生麻烦；

（5）倒角特征可以对零件的单条边、面和面、面和边、边和边进行倒角，还可以通过一条连续的曲线对零件的边进行变半径倒角；

（6）拔模可以通过对象分割法，对两侧同时拔模；还可以通过改变拔模方向生成材料或去除材料。

6.4　基础篇

案例 6 – 1　壳　体

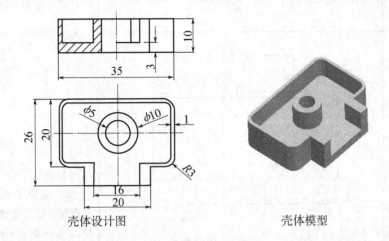

壳体设计图　　　　　　　　　　壳体模型

教学任务：

完成壳体零件的实体造型。掌握线性定位孔特征、壳特征的创建方法、一般倒圆角特征。壳特征主要包括：

（1）单个移除面抽壳方法及应用；

（2）多个移除面抽壳方法及应用；

（3）不同壳厚抽壳方法及应用。

操作分析：

壳体实体模型是在基本拉伸体的基础上创建孔，再经过抽壳而得。

（1）放置孔：线性定位创建孔特征，此处创建一般孔；

（2）壳特征：将基本实体的2个表面进行移除，并通过在参考中进行设置得到不同壁厚。

操作步骤：

任务	步骤	操 作 结 果	操作说明
1 新建 文件		新建文件名：目录/SL6－1.prt	新建操作参见前例
2 创 建 底 座 主 体 特 征	拉伸主 体模型	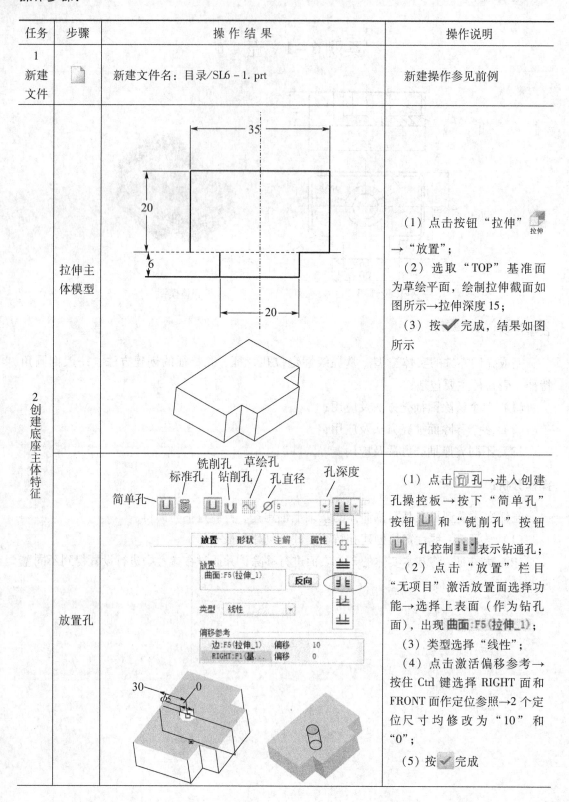	（1）点击按钮"拉伸" →"放置"； （2）选取"TOP"基准面 为草绘平面，绘制拉伸截面如 图所示→拉伸深度15； （3）按 ✔ 完成，结果如图 所示
	放置孔		（1）点击 孔→进入创建 孔操控板→按下"简单孔" 按钮 和"铣削孔"按钮 ，孔控制 表示钻通孔； （2）点击"放置"栏目 "无项目"激活放置面选择功 能→选择上表面（作为钻孔 面），出现 曲面:F5(拉伸_1)； （3）类型选择"线性"； （4）点击激活偏移参考→ 按住 Ctrl 键选择 RIGHT 面和 FRONT 面作定位参照→2 个定 位尺寸均修改为"10"和 "0"； （5）按 ✔ 完成

任务	步骤	操作结果	操作说明
2 创建底座主体特征	倒圆角	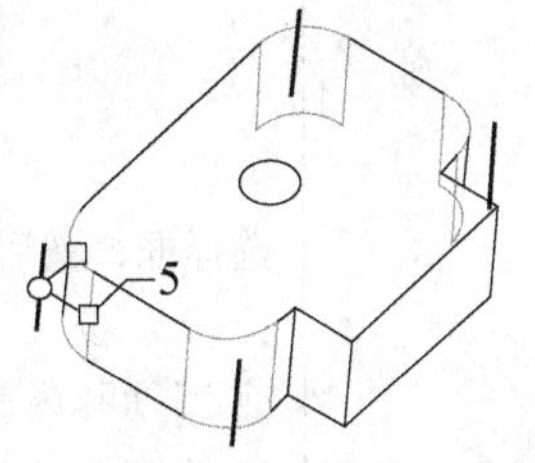 	（1）点击倒圆角图标 倒圆角→进入倒圆角操控板； （2）输入倒圆角半径5→选择如图所示的4条边； （3）预览→按 ✓ 完成
3 创建壳特征	调用壳命令	进入壳特征创建操控板	点击"壳"图标 壳（或"插入"→进入创建壳操控板）
	选择移除面、体验不同厚度壳特征创建效果	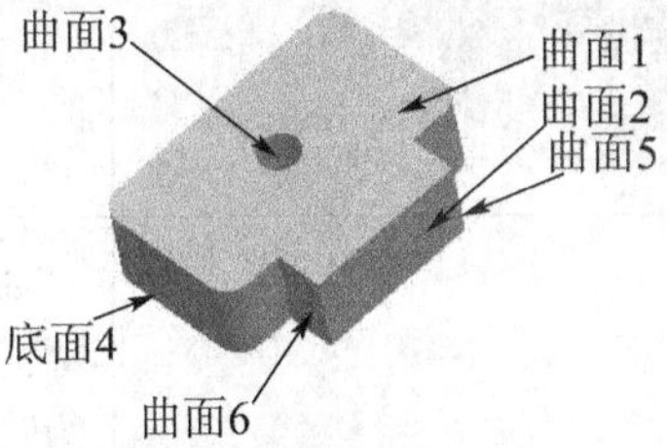  	（1）点击操控板中"参照"； （2）按住 Ctrl 键选择如图所示"移除面 1"和"移除面 2"（选择后变亮）（根据需要可以选择 1 个或多个）→输入厚度1； （3）预览，此时看到的是相同厚度为 1 的壳特征效果； （4）点击 ▶ 恢复操作状态； 试一试： （1）此时可以点击 ✗ 改变抽壳方向→预览其效果； （2）改变移除面，只选"移除面 1"或只选"移除面 2"→预览其效果； （3）恢复到第 2 步的状态

75

任务	步骤	操 作 结 果	操 作 说 明
3 创建壳特征	设置不同壳厚度	厚度 1 参考 选项 属性 移除的曲面 曲面:F5(拉伸_1) 曲面:F5(拉伸_1) 非默认厚度 曲面:F5(拉伸_1) 2 曲面:F5(拉伸_1) 2 曲面:F5(拉伸_1) 3 曲面:F6(孔_1) 2.5 10_THICK 2.5 THICK 3 THICL 2 THICK 2 THICK	（1）点击"非默认厚度"选择框，激活厚度设置； （2）按住 Ctrl 键选择"曲面3"（孔内表面）、"曲面5"和"曲面6"（方形突起的2个侧面）、底面； （3）点击修改曲面"3"厚度值为"2.5"、曲面5和曲面6厚度值为"2"、底面4厚度值为"3"； （4）预览→按 ✓ 完成
4 文件存盘	保存设计文件	按保存工具 ▱ 完成存盘	如果要改变目录存盘或名称，可点"文件"→"另存为"

案例 6-2 套 筒

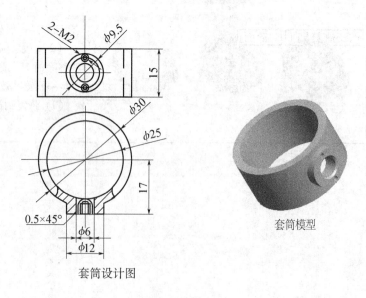

套筒模型

套筒设计图

教学任务：

完成套筒实体模型设计，通过本例掌握孔特征的基本使用方法，能够创建直孔（草绘孔和简单孔）。

操作分析：

该零件中的孔都属于直孔类型，都可以用直孔方法建立。φ25 和 φ6 的孔分别落在 φ30 和 φ12 的圆柱内部的轴心线上，可以视为同轴孔，这些孔均可以采用线性、径向和直径的方法进行定位。

操作步骤：

任务	步骤	操 作 结 果	操 作 说 明
1 新建 文件		新建文件名：目录/SL6 – 2. prt	新建操作参见前例
2 创建拉伸特征	拉伸主体圆柱	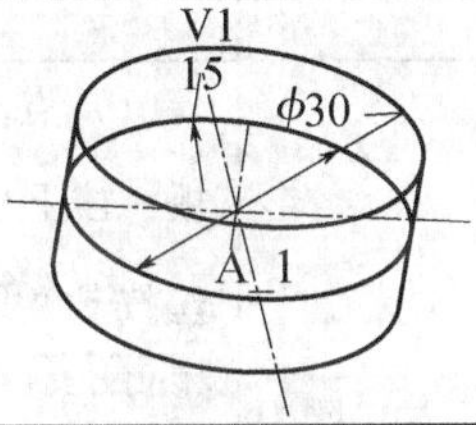 	"拉伸"→以"TOP"面为草绘面对称拉伸截面 φ30、高 15 的圆柱
	拉伸侧向圆柱	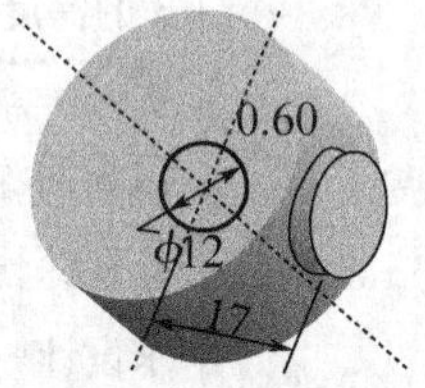 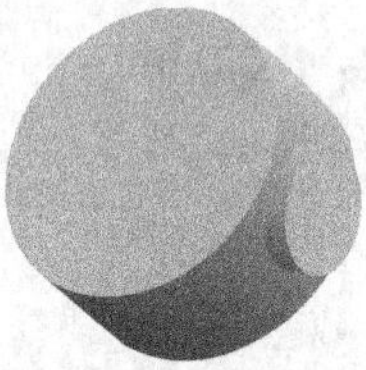	采用拉伸方法→以 FRONT 面为草绘面，以原点为中心拉伸截面 φ12、轴向尺寸为 17 的圆柱
3 创建大圆柱中间孔	创建大圆柱中间简单直孔	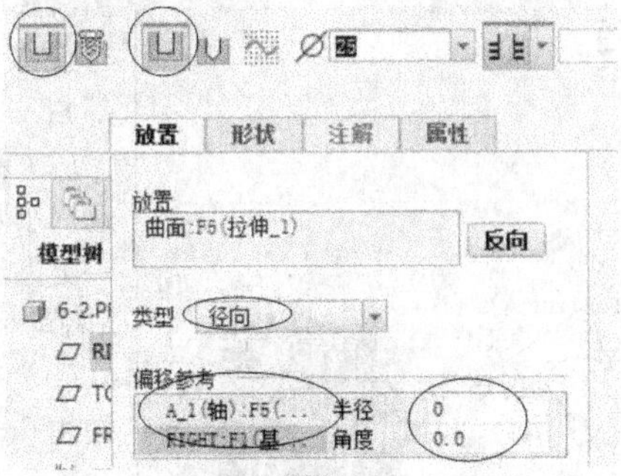 	（1）点击孔→进入操控板→按下简单孔和铣削孔按钮→输入直径 φ25→选择钻孔控制，表示钻通孔； （2）点击"放置"→选择大圆柱上表面作为钻孔面； （3）类型选择"径向"（此例 3 种均可以选择）； （4）点击激活偏移参考→按住 Ctrl 键选择 RIGHT 面和轴 A_1→定位尺寸修改为"0"，使孔中心落在参照原点上； （5）按 ✓ 完成

任务	步骤	操作结果	操作说明
4 创建小圆柱上的孔	创建小圆柱中直通孔	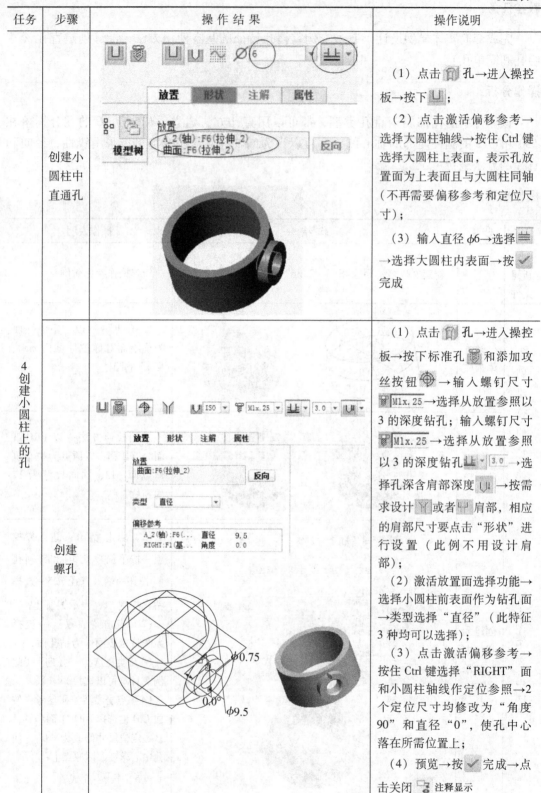	（1）点击孔→进入操控板→按下 $\underline{\underline{U}}$； （2）点击激活偏移参考→选择大圆柱轴线→按住 Ctrl 键选择大圆柱上表面，表示孔放置面为上表面且与大圆柱同轴（不再需要偏移参考和定位尺寸）； （3）输入直径 $\phi6$→选择 $\equiv$ →选择大圆柱内表面→按 $\checkmark$ 完成
	创建螺孔		（1）点击孔→进入操控板→按下标准孔和添加攻丝按钮→输入螺钉尺寸 M1x.25→选择从放置参照以 3 的深度钻孔；输入螺钉尺寸 M1x.25→选择从放置参照以 3 的深度钻孔 3.0 →选择孔深含肩部深度 →按需求设计 或者 肩部，相应的肩部尺寸要点击"形状"进行设置（此例不用设计肩部）； （2）激活放置面选择功能→选择小圆柱前表面作为钻孔面→类型选择"直径"（此特征 3 种均可以选择）； （3）点击激活偏移参考→按住 Ctrl 键选择"RIGHT"面和小圆柱轴线作定位参照→2 个定位尺寸均修改为"角度90"和直径"0"，使孔中心落在所需位置上； （4）预览→按 $\checkmark$ 完成→点击关闭 注释显示

续上表

任务	步骤	操作结果	操作说明
4 创建小圆柱上的孔	镜像螺孔	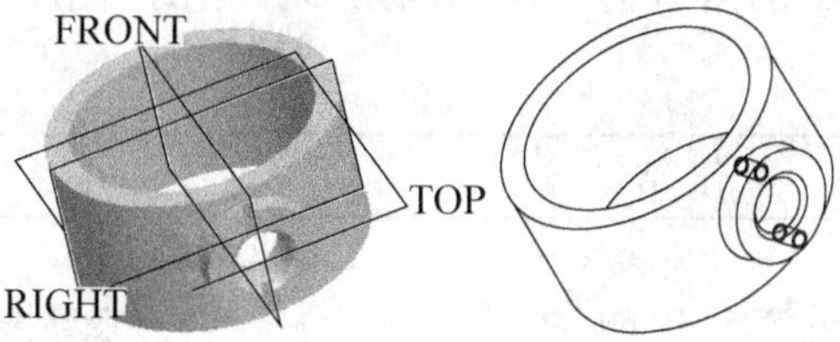	（1）在模型树选择 孔 3（变亮）→“镜像” 镜像；（2）选择 TOP 面作镜像面；（3）按 ✓ 完成
5 文件存盘	保存设计文件	按保存工具 完成存盘	如果要改变目录存盘或名称，可点“文件”→“另存为”

案例 6－3　垫块

垫块模型图

教学任务：

综合运用倒圆角、倒角、孔、拉伸等命令完成垫块实体模型设计。掌握倒圆角、倒角的创建方法及应用技巧，包括：

（1）零件边倒圆角；

（2）零件面与面、面与边之间、三个相邻面之间倒圆角；

（3）完全倒圆角；

（4）通过曲线倒圆角。

操作分析：

本例将实践在拉伸、孔特征基础上通过正确选择参照，在零件的边、面与面之间、边与面之间形成倒圆角，还可以通过参照边和草绘控制曲线创建随曲线变化的倒圆角以及对 3 个相邻面实现完全倒圆角。

操作步骤：

拉伸基本体→放置孔→边倒圆角→边与面倒圆角→完全倒圆角→曲线控制倒圆角→倒角。

任务	步骤	操 作 结 果	操 作 说 明
1 新建 文件		新建文件名：目录/SL6 – 3. prt	新建操作参见前例
2 创建垫块主体特征	拉伸垫块主体	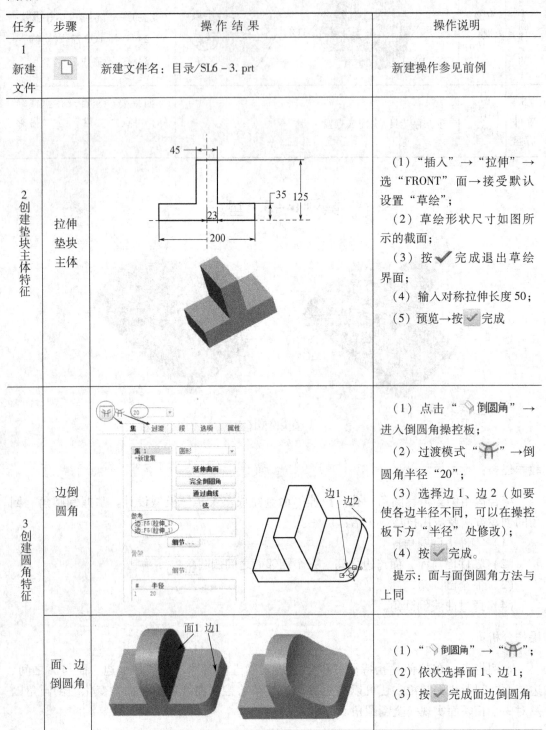	（1）"插入"→"拉伸"→选"FRONT"面→接受默认设置"草绘"； （2）草绘形状尺寸如图所示的截面； （3）按 ✓ 完成退出草绘界面； （4）输入对称拉伸长度50； （5）预览→按 ✓ 完成
3 创建圆角特征	边倒圆角		（1）点击" ◟倒圆角"→进入倒圆角操控板； （2）过渡模式" ⫪ "→倒圆角半径"20"； （3）选择边1、边2（如要使各边半径不同，可以在操控板下方"半径"处修改）； （4）按 ✓ 完成。 提示：面与面倒圆角方法与上同
	面、边倒圆角		（1）" ◟倒圆角"→" ⫪ "； （2）依次选择面1、边1； （3）按 ✓ 完成面边倒圆角

任务	步骤	操 作 结 果	操作说明
3 创建圆角特征	控制曲线倒圆角	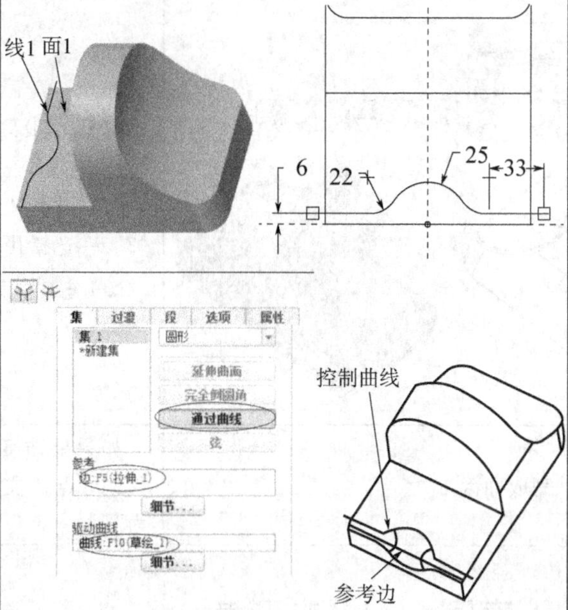	（1）点击"草绘"→选择面 1 为草绘面→默认"草绘"； （2）草绘如图所示曲线→按 ✔ 完成； （3）" ▷倒圆角"→"羊"→"集"； （4）点击"通过曲线"→分别选择图中所示的控制曲线和参考边； （5）按 ✔ 完成曲线控制倒圆角
	周边倒圆角	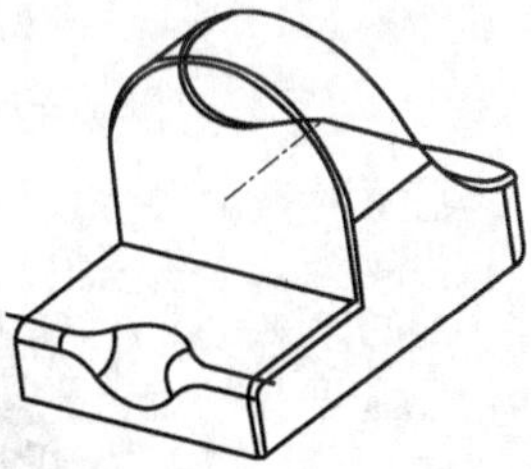	（1）" ▷倒圆角"→"羊"；→"集"→"新组"； （2）按住 Ctrl 键选择需倒圆角的周边→下方输入倒圆角半径值"3"； （3）预览→按 ✔ 完成
4 创建通孔	创建基准轴	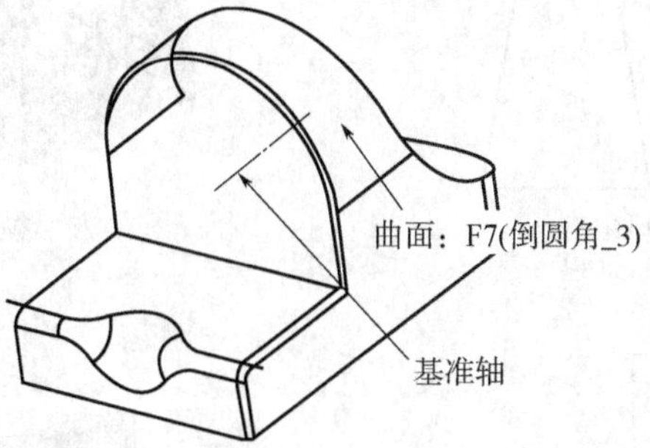	"基准轴" ✦ 轴 → 点击"曲面 F7"→"确定"
	放置孔	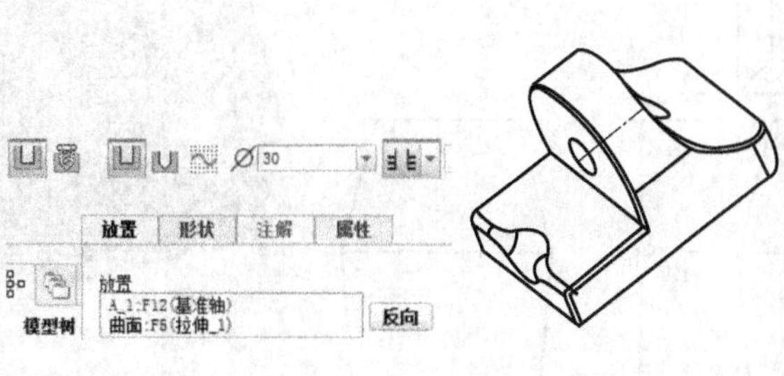	（1）点击 ⬚孔→进入操控板→按下 ⬚ →"放置"； （2）选择创建的基准轴→按住 Ctrl 键选择大圆柱前表面作为孔的放置面，输入直径值"30"→"⬚⬚" （3）按 ✔ 完成

任务	步骤	操作结果	操作说明
5 创建倒角		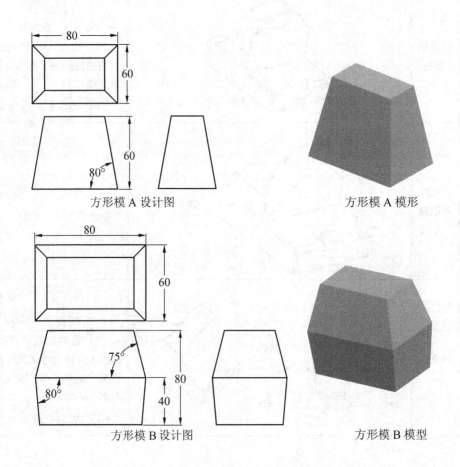D×D　D 3 D×D D1×D2 角度×D 45×D 段　选项　属性	（1）点击 ◇ 倒圆角→进入操控板； （2）选择"45×D"→D 值"3"→选择孔端面边线； （3）按 ✓ 完成
6 文件存盘	保存设计文件	按保存工具 💾 完成存盘	如果要改变目录存盘或名称，可点"文件"→"另存为"

案例 6-4　方形模

80

60

60

80°

方形模 A 设计图

方形模 A 模形

80

60

75°

80

80°

40

方形模 B 设计图

方形模 B 模型

教学任务：

完成方形模实体模型设计。掌握拔模特征的操作方法，能应用拔模工具创建一些复杂的工程特征。本案例用到2种通常的拔模方法：有分型面的拔模和无分型面的拔模。

操作分析：

（1）方形模A比较简单，采用一般无分型面的拔模方法：拔模命令→选取拔模面，也就是发生变化的面→选取拔模枢轴，即保持不变的面→选择拖拉方向，即发生改变的方向→输入拔模角度→完成。

（2）方形模B比较复杂，采用分型面的拔模方法：拔模命令→选取拔模面→选取拔模枢轴→选择拖拉方向→分割：设置→输入拔模角度→完成。

操作步骤：

6-4A　方形模1（不设有分型面）

任务	步骤	操作结果	操作说明
1 新建 文件		新建文件名：目录/SL6-4A.prt	新建操作参见前例
2 创建基本体	拉伸基本体特征	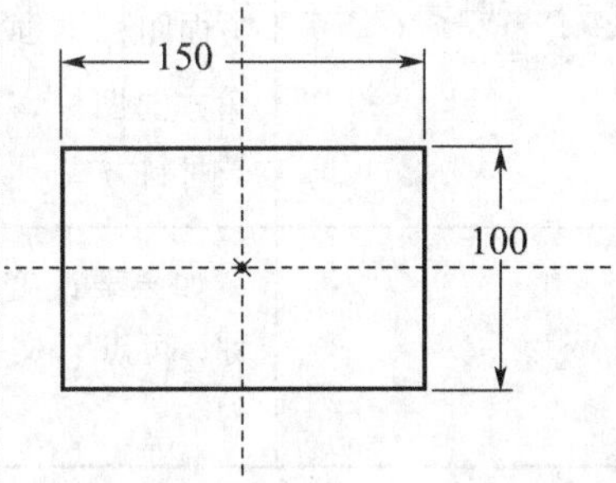 	（1）"拉伸"→绘制 150 × 100 拉伸截面（如图所示）→按 ✔完成 （2）深度值"80"→按 ✔ 完成
3 创建拔模特征	调用指令	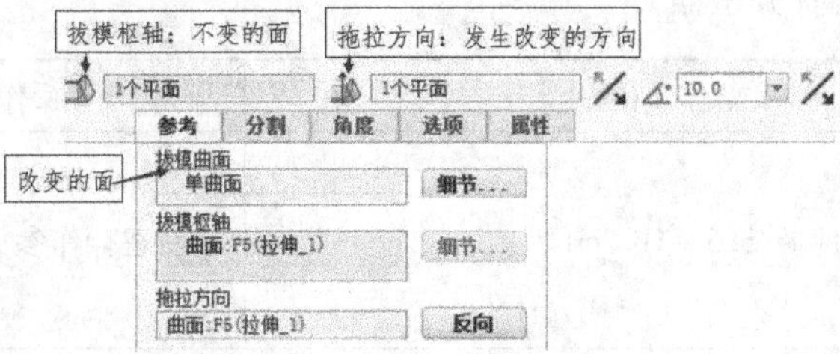	点击"拔模" 🔺 拔模

任务	步骤	操 作 结 果	操 作 说 明
3 创建拔模特征	创建拔模面特征	拔模面（要变的面）4个侧面 拔模枢轴（不变的面）底面 拖动方向（测量角度的方向）底面（或与底面垂直的一条边） 减材料 10 反向 100	（1）按住键盘上的 Ctrl 键，选取（主视图）前、后、左、右四个面（或者先选中上表面，然后按住 Shift 键，将鼠标移向外轮廓，当外轮廓的四个面加亮时，用左键即可）； （2）选取底面为"拔模枢轴"面（也可以选择与底面平行的面）； （3）选择底面为"拖动方向"面（也可以选择与底面垂直的边线），本例拔模方向向下； （4）输入拔模角度为 10°； （5）按 ✓ 完成拔模特征的创建；在模型树上出现以下图标……拔模1 试一试： 第3步中可以点击改变拔模方向图标 ⚮ 或改变拔模的夹角方向图标 ⚮，即可变成生长材料方式
4 文件存盘	保存设计文件	按保存工具 💾 完成存盘	如果要改变目录存盘或名称，可点"文件"→"另存为"

6-4B 方形模2 （设有分型面）

任务	步骤	操 作 结 果	操 作 说 明
1 新建文件	📄	新建文件名：目录/SL6-4B. prt	新建操作参见前例

任务	步骤	操 作 结 果	操 作 说 明
2 创建方形模 2 基本体拉伸特征	拉伸基本体特征	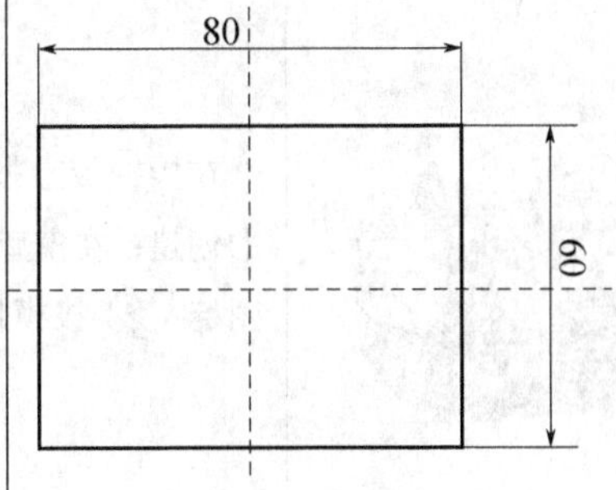 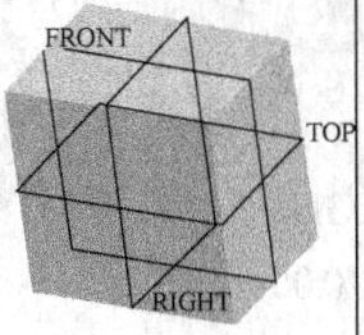 80 60 FRONT TOP RIGHT	（1）"拉伸"→操控板"放置"→"定义"→点选"TOP"面作草绘面→"草绘"→视向及方位接受默认设置； （2）绘制 80×60 拉伸截面（如图所示）→按 ✓ 完成； （3）选择对称拉伸 日 →输入拉伸深度值80→按 ✓ 完成
3 创建拔模特征	调用指令	进入拔模特征操控板	点击拔模工具 🪤 拔模
	选择拔模面	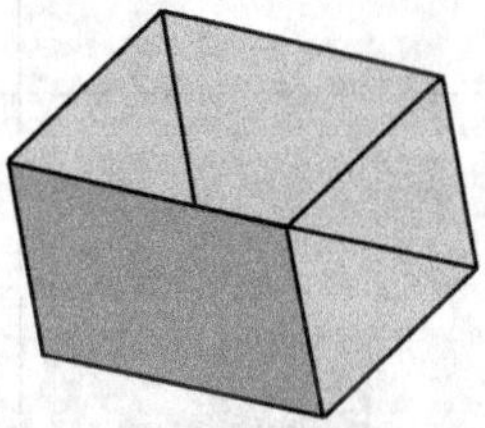	选取（主视图）前、后、左、右四个面
	设置枢轴和拖动方向	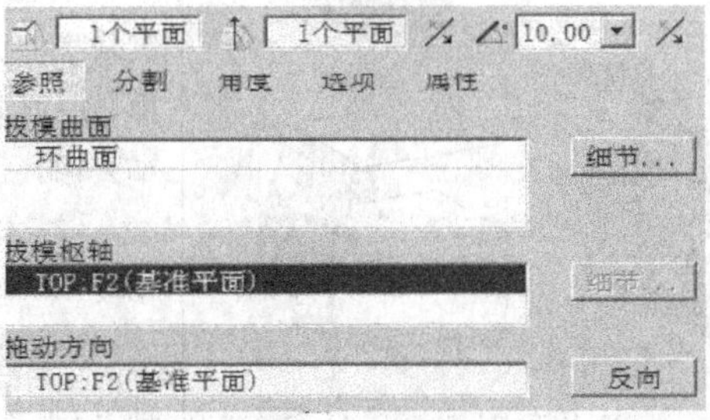 1个平面 1个平面 10.00 参照 分割 角度 选项 属性 拔模曲面 环曲面 细节... 拔模枢轴 TOP:F2(基准平面) 细节... 拖动方向 TOP:F2(基准平面) 反向	（1）选取"TOP"面为"拔模枢轴"面（此时"TOP"面平行于底面，且距底面距离为40）； （2）选择"TOP"面为"拖动方向"设定面（实际拖动方向为"TOP"面的法线方向）
	设置分型面和拔模角度	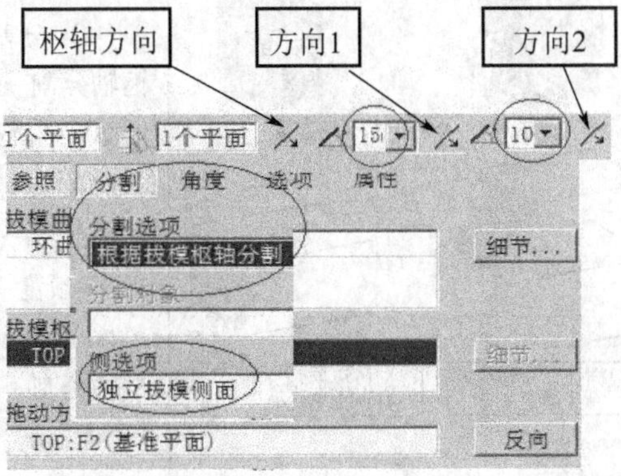 枢轴方向 方向1 方向2 1个平面 1个平面 15 10 参照 分割 角度 选项 属性 拔模曲面 分割选项 环曲面 根据拔模枢轴分割 分割特征 拔模枢 TOP 侧选项 独立拔模侧面 拖动方向 TOP:F2(基准平面) 反向	（1）打开操控板上的"分割"栏； （2）分割选择"根据拔模枢轴分割"选项； （3）选择"侧选项"为"独立拔模侧面"； （4）设置"TOP"面的上侧拔模角度为15°，下侧拔模角度为10°。 试一试： 可以点击改变拔模方向图标 ⊠ 或改变拔模的夹角方向图标 ⊠ 即可变成生长材料方式→预览观察不同的结果

任务	步骤	操作结果	操作说明
3 创建拔模特征	完成拔模特征创建	FRONT 5.00 TOP RTGHT 10.00	在操控板上按 ✔ 完成拔模的创建；在模型树上出现以下图标……🗔 拔模1
4 文件存盘	保存设计文件	按保存工具 💾 完成存盘	如果要改变目录存盘或名称，可点"文件"→"另存为"
5 试一试	根据拔模枢轴分割	拔模角 10° 拔模面 拔模枢轴 20° 不分割 根据拔模枢轴分割 独立拔模侧面 5° 20° 20° 20° 根据拔模枢轴分割 从属拔模侧面 根据拔模枢轴分割 只拔模第一侧 根据拔模枢轴分割 只拔模第二侧	以上例创建的 $80 \times 60 \times 80$ 基础模型为基础： （1）🗔 拔模→选择右侧面为拔模曲面→"TOP"为拔模枢轴→垂直"TOP"面定位拖动方向； （2）分割选项：不分割，角度10°→预览→▶； （3）分割选项：根据拔模枢轴分割→独立拔模侧面→角度：第一侧为20°、第二侧为5°→预览→▶； （4）分割选项：根据拔模枢轴分割→从属拔模侧面→角度20°→预览→▶； （5）分割选项：根据拔模枢轴分割→只拔第一侧→角度20°→预览→▶； （6）分割选项：根据拔模枢轴分割→只拔第二侧→角度20°→预览→▶

续上表

任务	步骤	操作结果	操作说明
5 试一试	根据对象分割	根据对象分割 独立拔模侧面　　根据对象分割 只拔模第一侧　　根据对象分割 只拔模第二侧	接上步： （1）分割选项：根据对象分割→独立拔模侧面→角度20°，30°→预览→ ▶ ； （2）分割选项：根据对象分割→只拔第一侧→角度30°→预览→ ▶ ； （3）分割选项：根据对象分割→只拔第二侧→角度20°→预览→完成

案例 6 – 5　接线盒

教学任务：

　　完成接线盒实体模型设计。掌握倒圆角、筋等特征的创建方法，进一步熟悉基准创建、拉伸实体创建等的方法，培养设计分析和选用所学方法解决问题的能力；通过应用不同方法的对比，培养学生的创新能力。

接线盒模型

操作分析：

　　该零件可以将形体分成 4 部分，其一是拉伸后抽壳得到的盒体部分，其二是通过创建新基准并拉伸得到主要工作部分（接线部分），其三是通过筋命令创建出的加强筋部分，其四是进行去毛刺倒圆角。

操作步骤：

任务	步骤	操作结果	操作说明
1 新建文件	🗋	新建文件名：目录/SL6 – 5. prt	新建操作参见前例
2 创建盒体	拉伸盒体	56　20　100　8　64　40　85	（1）"拉伸"→以"FRONT"面为草绘面绘制如图所示拉伸截面； （2）输入对称拉伸长度50→按 ✔ 完成

任务	步骤	操 作 结 果	操作说明
2 创建盒体	抽壳		（1）点击 壳→进入创建壳操控板； （2）按住"Ctrl"键选择上表面为移除面→输入厚度1； （3）预览→按 ✓ 完成
	创建新基准面		（1）点击基准轴工具→按住"Ctrl"键选择"FRONT"和"RIGHT"面→确定，完成基准轴A1的创建； （2）点击基准平面工具 ▱ →选择基准轴A1，修改成"通过"→按住"Ctrl"键选择"FRONT"面，修改成"法向"→输入定位角度值"30"→确定
3 创建主体	拉伸圆柱1		（1）"拉伸"→以新建的"DTM1"面为草绘面绘制如图所示拉伸截面→按 ✓ 完成； （2）点击"选项"→第一侧："到选定项"，选择盒内底面；第二侧："盲孔"，输入拉伸长度10； （3）预览→按 ✓ 完成
	拉伸圆柱2		（1）"拉伸"→以圆柱1的上表面为草绘面拉伸截面直径为35的圆。 （2）高为15的圆柱→预览→按 ✓ 完成

任务	步骤	操 作 结 果	操 作 说 明
3 创建主体	拉伸切除圆孔	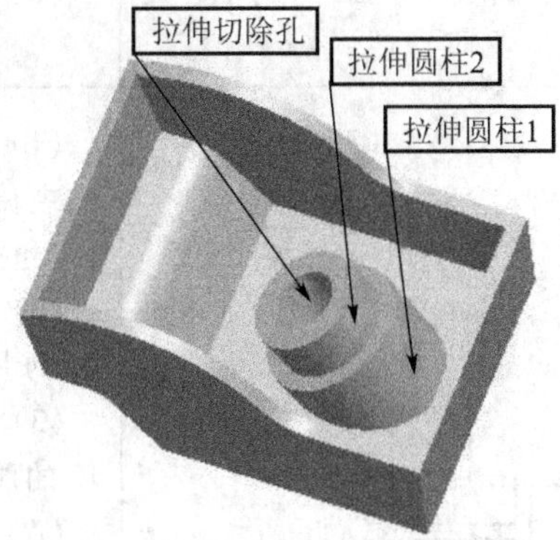 拉伸切除孔 拉伸圆柱2 拉伸圆柱1	（1）"拉伸"→以圆柱2的上表面为草绘面绘制直径为20的圆→按☑完成并退出草绘界面； （2）按下操控板上 ⊞ 和 ◿； （3）预览→按☑完成
4 创建加强筋部分		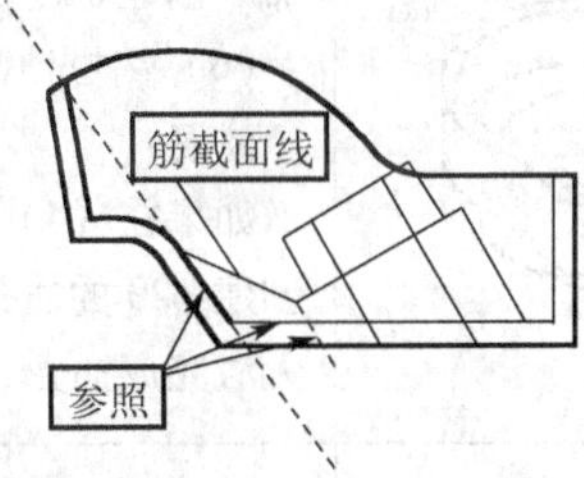  筋截面线 参照	（1）点击 ▲筋→"参考"→"定义"； （2）选"FRONT"面为草绘面→"草绘"→进入草绘界面； （3）⊞→选择如图所示3条边→"关闭"； （4）绘制筋截面线（为2个参照之间的一条线）→按☑完成并退出草绘界面； （5）输入筋的对称厚度10→预览，◿调整→按☑完成
5 文件存盘	保存设计文件	按保存工具 ▯ 完成存盘	如果要改变目录存盘或名称，可点"文件"→"另存为"

6.5 提高篇

TG6-1　机座壳　（练习要点：孔特征、倒圆角特征、壳特征，孔或圆角与壳的创建顺序）	提　示
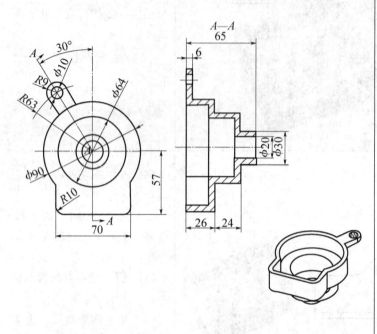	（1）用拉伸命令创建底板：按主俯视图外轮廓线画截面（不包括耳部），拉伸深度26； （2）用拉伸命令创建 $\phi64 \times 24$ 的中间圆柱； （3）用拉伸命令创建 $\phi30 \times 15$ 的顶圆柱； （4）用壳命令创建壳体：选底板的下表面和顶圆柱的上表面为移除面，设置厚度为6； （5）用拉伸（切除材料）命令创建 $\phi20$ 的通孔； （6）用拉伸命令创建耳部 注意： 如果在（4）（5）步中，先创建 $\phi20$ 的通孔，再抽壳，将无法完成抽壳
TG6-2　变径管套　要求：用拔模创建圆柱内表面的角度	提　示
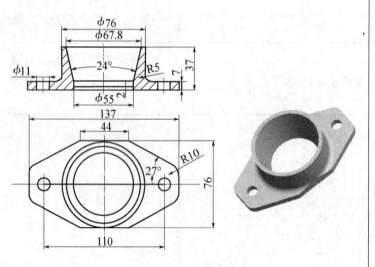	（1）创建底板：用拉伸命令创建厚度为7的底板；创建圆柱体：在底板上表面创建直径为76的空心圆柱体； （2）创建孔：在底板上表面创建直径为11的孔（用拉伸切除材料、旋转切除材料或孔命令都可以）； （3）拔模：选圆柱体的内表面为拔模面，底板上表面为拔模枢轴面和拖动方向定义面，拔模角度为12°； （4）倒圆角

TG6-3 支撑座 练习要点：筋（空心筋板）	提 示
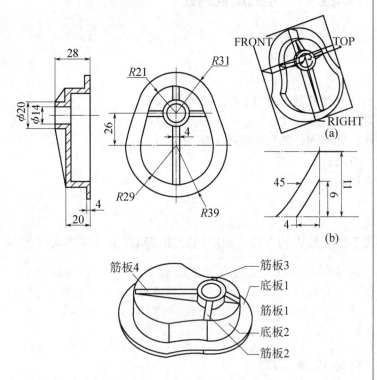	（1）用拉伸命令创建底板1，拉伸深度4； （2）在底板1上表面，用拉伸命令创建底板2，拉伸深度20； （3）在底板2上表面，用拉伸命令创建直径为20、深度为8的空心圆柱； （4）用筋命令创建筋板：建立筋板1和筋板2时，用RIGHT面作为绘图界面，底板2的上表面和圆柱体外表面作为参照；建立筋板3和筋板4时（筋板具体截面见图b），用TOP面作为绘图界面（见图a），底板2的上表面和圆柱体外表面作为参照。 注意：筋板3和筋板4为空心截面，由圆弧和两条直线构成，不能绘成封闭截面

TG6-4 连接件 练习要点：筋	提 示
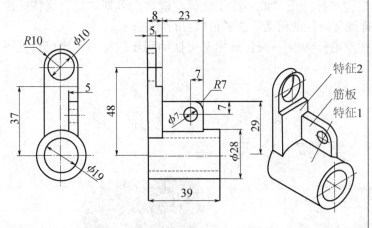	（1）拉伸特征1； （2）拉伸再拉伸切除创建特征2（试用生成材料和去除材料两种方式）； （3）与特征2的右表面平行作基准面DTM1； （4）用筋命令在DTM1面创建筋板。 注意：由于筋板在特征2的边缘处，故"筋厚长出方向"只能指向特征2

课题 7　特征编辑

7.1　教学知识点

（1）镜像复制、移动复制、旋转复制，复制特征的方法与技巧；
（2）新参考复制特征的方法与特点；
（3）尺寸阵列、方向阵列、轴阵列，阵列特征的方法与技巧；
（4）重排序与插入特征的方法；
（5）再生失败与解决的方法。

7.2　教学目的

了解特征编辑的意义，熟悉特征编辑的方法，能应用特征编辑的方法解决实体模型设计中的具体问题。

7.3　教学内容

基本操作步骤：
（1）复制特征：选择对象→复制→选择方式：相同参考或选择性粘贴→粘贴→对属性、大小、位置、参考等进行修改→完成；
（2）阵列特征：选择对象→阵列→选择方式：尺寸阵列、方向阵列或者轴阵列→选择参照→对属性、大小等进行修改→完成；
（3）重排序特征：在模型树选择特征对象→按住鼠标左键拖动到新位置，受特征之间的关系影响，子特征不能排到父特征的前面。读者可以自行实践；
（4）插入特征：在模型树点击 ➡ 在此插入 →按住鼠标左键拖动到新位置→在当前位置可以插入创建新的特征。

7.4　基础篇

案例 7-1　支　座

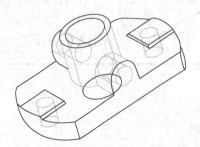

支座模型

教学任务：

完成支座零件实体模型设计。掌握镜像复制特征、阵列特征、重排序和插入特征的操作方法，进一步熟练运用拉伸、孔特征进行零件实体设计。

操作分析：

（1）可将该零件分解成为一个底板、一个圆柱，再加上2个拉伸凸耳、2个螺孔、2个通孔；

（2）1个底板，1个圆柱，拉伸凸耳可以运用拉伸方法创建；

（3）螺孔运用孔方法创建；

（3）2个拉伸凸耳、2个螺孔可以运用镜像复制特征或阵列特征创建；

（4）前后、上下的2个通孔可以运用拉伸减材料的方法创建。

操作步骤：

任务	步骤	操 作 结 果	操作说明
1 新建 文件	🗋	新建文件名：目录/SL7 – 1. prt	新建操作参见前例
2 创建底板	拉伸 底板	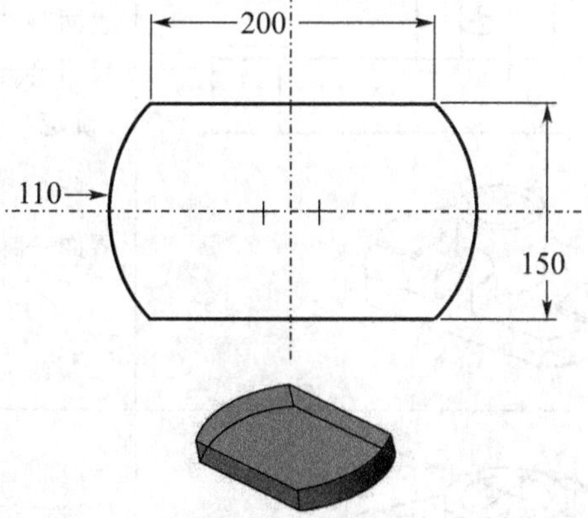	（1）"拉伸" →"TOP"绘制如图所示截面→"确定" ✔； （2）输入底板高"70"→ ✔
	拉伸 凸台	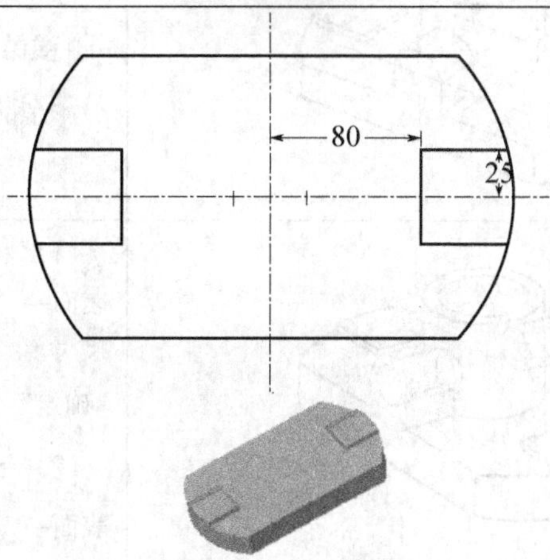	（1）"拉伸" →选择底板上表面→"草绘"以定位尺寸"25，80"绘制如图所示截面→"确定" ✔； （2）输入凸台高"5"→ ✔

任务	步骤	操作结果	操作说明
3 创建圆柱	拉伸圆柱		（1）"拉伸"→选择底板上表面→"草绘"以定位尺寸"25，80"绘制如图所示截面→"确定" ✔； （2）输入圆柱高为"70"→
	放置圆柱通孔		"孔"→选择圆柱轴线→按着"Ctrl"键点击圆柱上表面→输入圆柱直径值"80"
4 创建凸耳	拉伸凸耳		（1）"拉伸"→选择底板前表面→"草绘"，以如图所示尺寸绘制如图所示截面→"确定" ✔； （2）选择 ≡，选择圆柱前表面→
	镜像凸耳		选择凸耳→"镜像" 𝕄镜像 → 选择镜像面 ▱ FRONT →
	拉伸凸耳通孔		（1）"拉伸"→选择底板前表面→"草绘"，以如图所示尺寸绘制如图所示截面→"确定" ； （2）选择 ≡，选择圆柱前表面→

任务	步骤	操 作 结 果	操作说明
5 创建螺孔	螺孔设置		"孔"→点击凸台上表面→选择"RIGHT"和""FRONT"→分别输入定位尺寸"100"和"0"→点击 ✓
	阵列螺孔（可以用三种方法之一）		尺寸阵列方法： 选择螺孔→"阵列" ▦ →选择"尺寸" 尺寸 →阵列个数"2"→"尺寸"→选择模型上的尺寸"100"→操控板输入尺寸"－200"；方向不对可以通过尺寸的"＋""－"来实现→点击 ✓
			方向阵列方法： 选择螺孔→"阵列" ▦ →选择"方向"→阵列个数"2"→选择模型上的一条边做"阵列参考"→操控板输入尺寸"200"；方向不对可以通过尺寸的"＋""－"来实现→点击 ✓
			轴阵列方法： 选择螺孔→"阵列" ▦ →选择"轴"→阵列个数"2"→选择模型上圆柱的轴线作为"阵列参考"→操控板输入尺寸"180"→点击 ✓
6 文件存盘	保存设计文件	按保存工具 🖫 完成存盘	如果要改变目录存盘或名称，可点"文件"→"另存为"

案例 7 – 2 角 铁

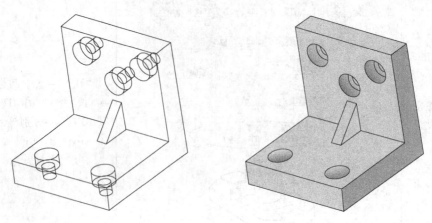

角铁实体模型

教学任务：

完成角铁实体模型的设计。掌握创建相同参照复制及新参照复制的方法，进一步熟练运用镜像复制特征、拉伸特征、孔特征创建的方法。

操作分析：

零件分 2 个特征，一个是角铁基体，可通过拉伸创建；其余是 5 个孔，由于孔形状一致，可通过创建相同参照复制及新参照复制来实现。

操作步骤：

任务	步骤	操 作 结 果	操 作 说 明
1 新建 文件	📄	新建文件名：目录/SL7 – 2. prt	新建操作参见课题一内容
2 创建 基本体	拉伸 基本体		"拉伸" → "草绘" → "FRONT" 面绘制图形 → ✓

任务	步骤	操作结果	操作说明
3 创建筋板	放置筋板	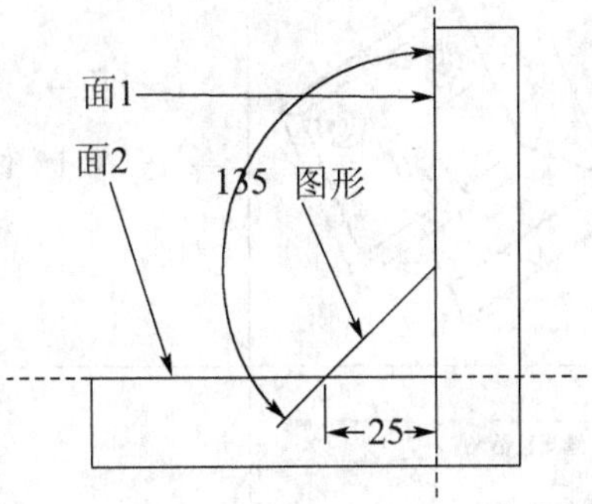 面1 面2 135 图形 25 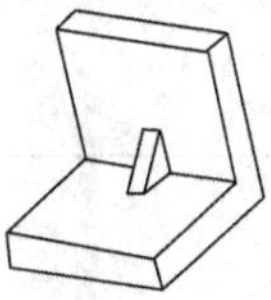	（1）"筋" 筋→"参考"→"放置"→"参考" →选择"面1""面2"作为参照→草绘图形→✔ （2）输入筋板厚度"10" →
4 创建孔	放置孔	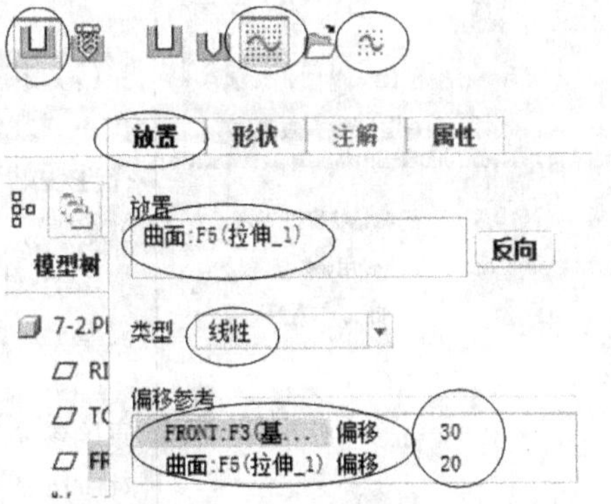 放置 形状 注解 属性 放置 曲面:F5(拉伸_1) 反向 模型树 类型 线性 7-2.PI RI 偏移参考 TO FRONT:F3(基... 偏移 30 FR 曲面:F5(拉伸_1) 偏移 20 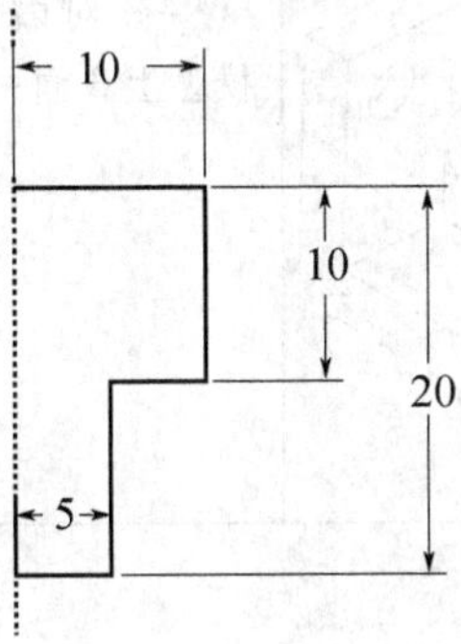 10 10 20 5 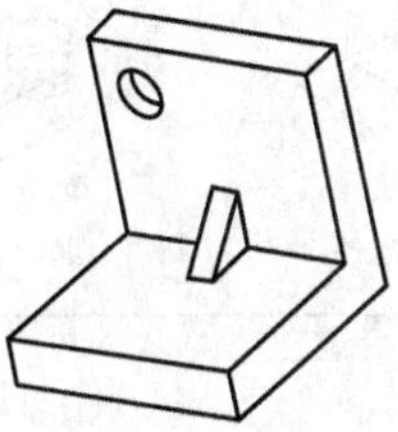	（1）"孔"→选择 ，选择立板前表面为孔放置面； （2）"放置"→类型中选择"线性"→偏移参考中选择"曲面F5"和"FRONT"为参考→分别输入定位尺寸"20"和"30"； （3）点击"草绘 "→绘制如图所示孔旋转截面图形→

任务	步骤	操作结果	操作说明
4 创建孔	镜像复制孔	镜像面	选择孔→"镜像" 镜像 → 选择镜像面 FRONT → ✓
	新参考复制孔	选择性粘贴 ✓ 使副本从属于原件尺寸 ☐ 对副本应用移动/旋转变换(A) ✓ 高级参考配置(V) 确定(O) 取消(C) 复制 用户 粘贴 复制 粘贴 选择性粘贴 原始特征的参考 曲面:F5(拉伸_1) FRONT:F3(基准平面) 曲面:F5(拉伸_ 3 2 1 已粘贴特征的参考 ☐ 使用原始参考 曲面:F5(拉伸_1) 用于: 孔 1 孔 1 (2) 2面 1面 3面	（1）按住"Ctrl"选择2个孔→"复制" 复制→→"选择性粘贴"，如图所示设置→"确定"； （2）对话框中1对应选择模型上1面； （3）点选对话框中"使用原始参考"；或者对话框中2对应选择模型上2面； （4）对话框中3对应选择模型上3面→"确定"

任务	步骤	操 作 结 果	操 作 说 明
4 创建孔	移动 复制孔		（1）选择第一个创建的孔→"复制" 🗐复制 → "粘贴" 📋粘贴； （2）选择底板上表面作为放孔的表面； （3）对话框中选择2，选择 □ 使用原始参考； （4）选择 3，选择 □ 使用原始参考 → "确定" → 进入孔操控板； （5）对新孔的属性、大小、位置都可以做修改，此处修改定位坐标值为 "0" 和 "40" → ✔
5 特征重排序			（1）角度模型中的孔与筋轮廓不存在父子关系，可以用鼠标拖动互换位置，不影响结果； （2）在模型树点击 ➡ 在此插入→按住鼠标左键拖动到新位置→在当前位置可以插入创建新的特征
6 文件存盘	保存设计文件	按保存工具 🖫 完成存盘	如果要改变目录存盘或名称，可点 "文件" → "另存为"

7.5 提高篇

TG7-1 机座壳 （练习要点：镜像复制、拉伸）	提 示

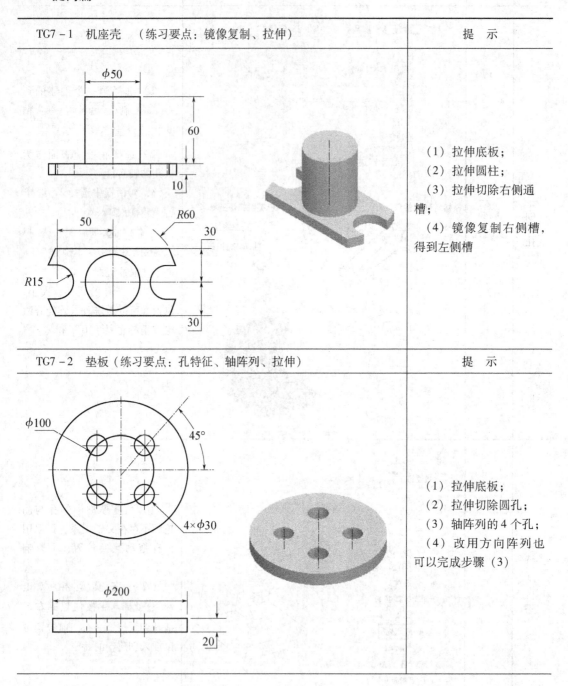

（1）拉伸底板；

（2）拉伸圆柱；

（3）拉伸切除右侧通槽；

（4）镜像复制右侧槽，得到左侧槽

TG7-2 垫板（练习要点：孔特征、轴阵列、拉伸）	提 示

（1）拉伸底板；

（2）拉伸切除圆孔；

（3）轴阵列的 4 个孔；

（4）改用方向阵列也可以完成步骤（3）

TG7 – 3 连接板（练习要点：镜像复制特征、阵列特征、孔特征、倒圆角特征、拉伸）	提 示
φ6 5 2 R6 4-M5 R2 10 16 16 32 28	（1）截面1（主视图）"拉伸"基本体； （2）截面2"俯视图"切割基本体； （3）放置孔镜像孔

课题 8   曲面设计与编辑

8.1   教学知识点

(1) 基准/参照的选用；
(2) 边界混合曲面的创建；
(3) 填充曲面的创建；
(4) 偏移曲面的创建；
(5) 曲面的合并；
(6) 曲面的实体化。

8.2   教学目的

通过本实训了解"边界混合、填充、偏移、实体化"的意义，利用曲线生成曲面，熟悉一般曲面及曲面构造实体的方法。

8.3   教学内容

8.3.1   基本操作步骤

1. 拉伸/旋转/扫描/混合曲面
用与建立实体特征的相同做法来建立曲面特征。

2. 边界混合曲面特征

(1) 新建→零件→模型→"草绘"→草绘截面→✔；

(2) 模型→"边界混合"→ ▱ | 选择项 →按住 Ctrl 键选取多条曲线；

(3) 如无第二个方向的曲线则按 ✔ 完成；

(4) 如有第二个方向的曲线则按住 Ctrl 键继续选取第二个方向上多条曲线后，按 ✔ 完成。

3. 填充曲面特征

新建→零件→模型→"填充"→ 参考 → 定义... → ［进入内部草绘→✔］→✔ 。

4. 偏移曲面特征
偏移曲面用于对曲面或实体进行恒定或可变距离偏移，创建一个新的特征。

(1) 在绘图区选取要偏移的对象；

(2) 模型→"边界混合"→在偏移操控板设置 ▥▾ |←→| 10.00 ▾ ↗ →按 ✔ 完成。

5．合并曲面特征

（1）在绘图区选择要合并的两个特征曲面；

（2）模型→"合并"→在合并操控板设置 ⚲ ⚲，选择要保留的曲面侧→按 ✓
完成。

6．实体化曲面特征

（1）在绘图区选择要实体化的曲面；

（2）模型→"实体化"→在实体化操控板中设置 ▱ ⬠ ⬡ ⬠，选择合适的方式→
按 ✓完成。

8.3.2　操作要领与技巧

（1）利用"边界混合"工具，可在参考图元（在一个或两个方向上定义曲面）之间
创建边界混合特征。在每个方向上选定的第一个和最后一个图元作为曲面的边界。通过
添加更多的参考图元（如控制点和边界条件）能使用户更完整地定义曲面形状。

（2）选择参考图元的规则：①曲线、零件边、基准点、曲线或边的端点可作为参考
图元使用；②在每个方向上，都必须按连续的顺序选择参考图元。不过，可对参考图元
重新进行排序。

（3）对于在两个方向上定义的混合曲面来说，其外部边界必须形成一个封闭的环。
这意味着外部边界必须相交。若边界不终止于相交点，系统将自动修剪这些边界，并使
用有效部分。

（4）为混合而选定的曲线不能包含相同的图元数。

8.4　基础篇

案例 8-1　心　形

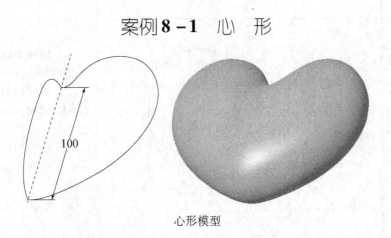

心形模型

教学任务：

完成心形模型的设计，掌握边界混合曲面、曲面镜像、曲面合并的基本方法。

操作分析：

该零件是左右、前后对称的图形，因此只需要用边界混合命令创建1/4部分即可以通

过镜像方式得到完整的图形，最后通过合并曲面完成设计。

操作步骤：

任务	步骤	操 作 结 果	操作说明
1 新建 文件	⬜	新建文件名：目录/SL8 – 1. prt	新建操作参见前例
2 创建两条曲线特征	进入草绘界面	点击草绘工具 ⌇⌇ →点选 TOP 面→ 草绘	（1）TOP 面选定为草绘平面； （2）视向及方位接受默认设置
	绘制构造线（1）	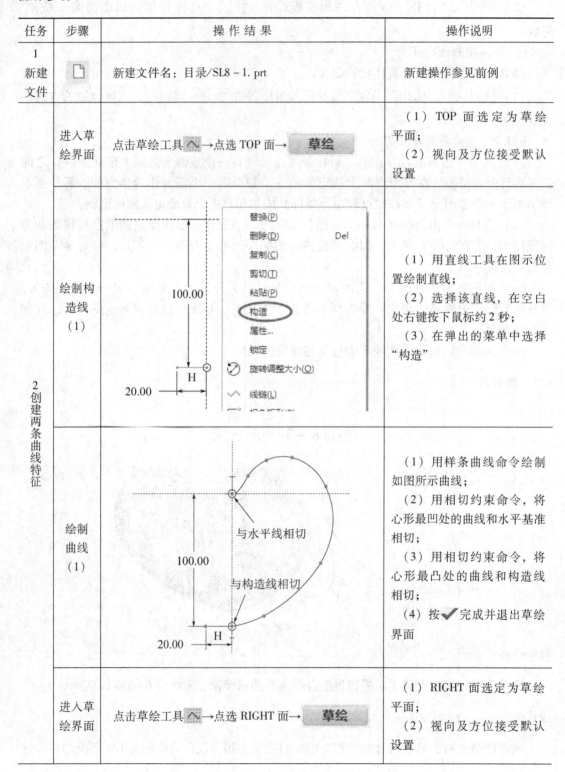	（1）用直线工具在图示位置绘制直线； （2）选择该直线，在空白处右键按下鼠标约2秒； （3）在弹出的菜单中选择"构造"
	绘制曲线（1）		（1）用样条曲线命令绘制如图所示曲线； （2）用相切约束命令，将心形最凹处的曲线和水平基准相切； （3）用相切约束命令，将心形最凸处的曲线和构造线相切； （4）按 ✔ 完成并退出草绘界面
	进入草绘界面	点击草绘工具 ⌇⌇ →点选 RIGHT 面→ 草绘	（1）RIGHT 面选定为草绘平面； （2）视向及方位接受默认设置

续上表

任务	步骤	操 作 结 果	操 作 说 明
2 创建两条曲线特征	绘制曲线（2）	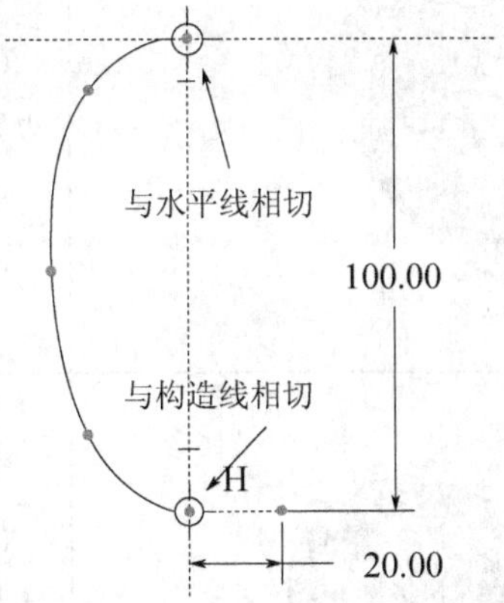 与水平线相切 100.00 与构造线相切 H 20.00	（1）用同样的方法先绘制直线2并设置为构造线； （2）用样条曲线命令绘制如图所示曲线； （3）用相切约束命令，将心形最凹处的曲线和水平基准相切； （4）用相切约束命令，将心形最凸处的曲线和构造线相切； （5）按 ✔ 完成并退出草绘界面
3 创建边界混合曲面特征	调用边界混合曲面命令	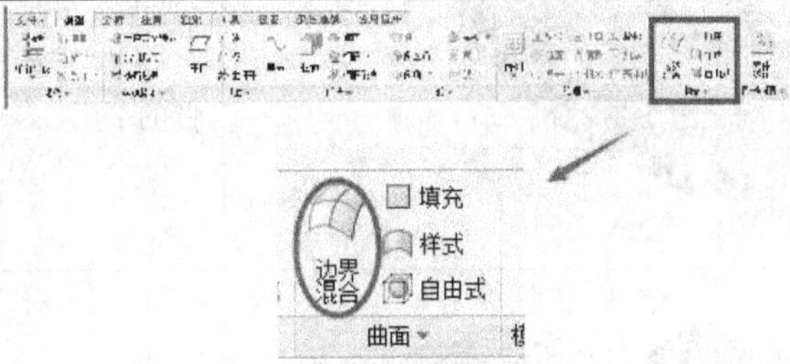 □填充 □样式 边界混合 □自由式 曲面 ▾	点击"模型"→"边界混合"
	选择边界线	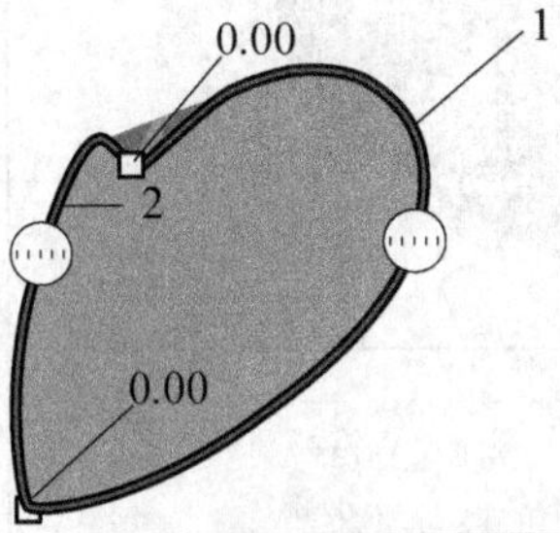 0.00 1 2 0.00	（1）在绘图区选取曲线1； （2）按住 Ctrl 键选取曲线2
	设置边界线约束方式	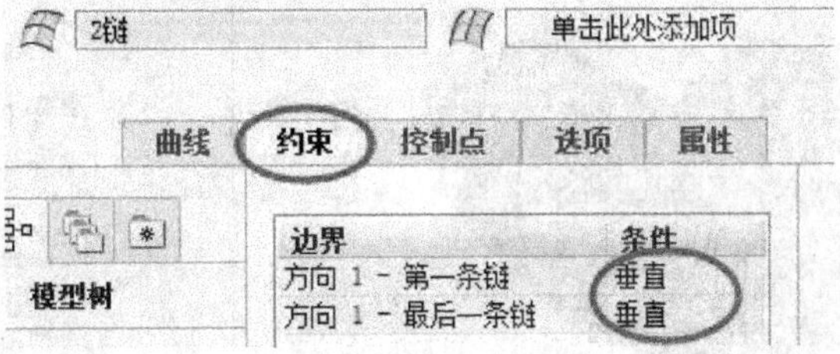 2链 单击此处添加项 曲线 约束 控制点 选项 属性 模型树 边界 条件 方向1-第一条链 垂直 方向1-最后一条链 垂直	方法一： （1）在命令设置面板中选择"约束"； （2）将两条曲线的约束条件设置为"垂直"。 方法二： 在绘图区中直接右键单击曲线上的约束点进行设置：  ○ 自由 ○ 相切 ● 垂直 ○ 曲率

任务	步骤	操 作 结 果	操 作 说 明
3 创建边界混合曲面特征	确认		（1）在操控板上按 ✔ 完成边界混合曲面的创建； （2）在模型树上出现： ⬡ 边界混合 1
4 镜像曲面	调用镜像命令	镜像平面	（1）选择刚创建的边界混合 1 曲面； （2）点击镜像命令 ⬧⬧ 镜像； （3）点选 RIGHT 面作为镜像的平面
	确认		（1）在操控板上按 ✔ 完成边镜像的创建； （2）在模型树上出现： ⬧⬧ 镜像1
5 合并曲面	调用合并曲面命令	⊞ ⬧⬧镜像 ⬒延伸 〰投影 ⬡修剪 ⬚偏移 ☐加厚 阵列▾ ⬡合并 ⬡相交 ⬡实体化 编辑 ▾	（1）在绘图区选取边界混合 1 曲面，按住 Ctrl 键选取镜像的曲面； （2）点击"合并"
	确认		（1）在操控板上按 ✔ 完成合并曲面； （2）在模型树上出现： ⬡ 合并 1

续上表

任务	步骤	操 作 结 果	操 作 说 明
6 镜像曲面	调用镜像命令	镜像平面	（1）用同样的方法镜像另一半； （2）点选 TOP 面作为镜像的平面
7 合并曲面	调用合并曲面命令		（1）用同样的方法合并曲面； （2）在模型树上出现： ⌂ 合并 2
8 文件存盘	保存设计文件	按保存工具 💾 完成存盘	如果要改变存盘目录或名称，可点"文件"→"另存为"

案例 8-2　波浪曲面

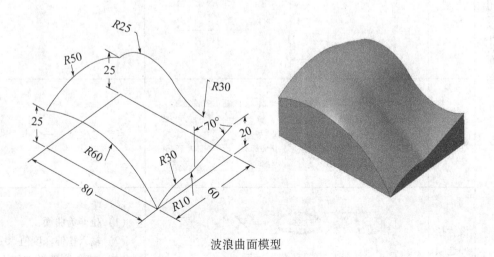

波浪曲面模型

教学任务：

完成波浪曲面设计，掌握拉伸曲面、边界混合曲面、填充曲面、曲面合并、曲面实体化的基本方法。

操作分析：

可将该零件分解成为3个基础特征进行创建，1个为矩形拉伸的四面，1个为填充的平面，1个为边界曲面，最后将曲面合并即可。

操作步骤：

任务	步骤	操作结果	操作说明
1 新建文件	(图标)	新建文件名：目录/SL8 – 2. prt	新建操作参见前例
2 创建拉伸曲面特征	进入草绘界面	点击草绘工具 (图标)→点选 TOP 面→ **草绘**	（1）TOP 面选定为草绘平面； （2）视向及方位接受默认设置
	绘制截面（1）	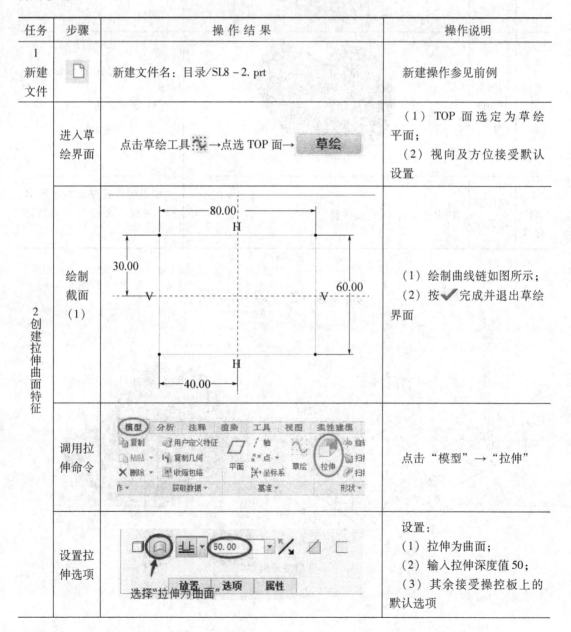	（1）绘制曲线链如图所示； （2）按 ✓ 完成并退出草绘界面
	调用拉伸命令	（模型菜单栏图示）点击"模型"→"拉伸"	点击"模型"→"拉伸"
	设置拉伸选项	（拉伸操控板图示）选择"拉伸为曲面"	设置： （1）拉伸为曲面； （2）输入拉伸深度值50； （3）其余接受操控板上的默认选项

续上表

任务	步骤	操作结果	操作说明
2 创建拉伸曲面特征	确认		(1) 在操控板上按 ✓ 完成拉伸1的创建； (2) 在模型树上出现：  ⌒ 草绘1 ▶ 拉伸1
3 创建4条曲线特征	进入草绘界面	点击草绘工具 ⌒ →点选拉伸曲面特征的前端面 → 草绘	(1) 拉伸曲面特征的前端面选定为草绘平面； (2) 视向及方位接受默认设置
	绘制曲线（1）	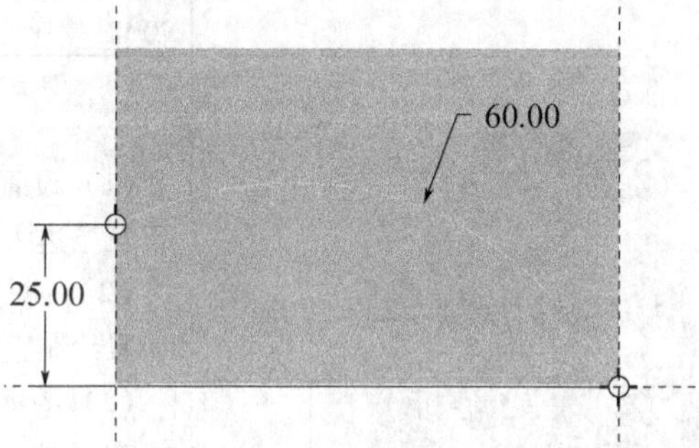 60.00 25.00	(1) 设置视图中的左、右、下三条边为参考线； (2) 使用圆弧绘图工具绘制圆弧； (3) 约束尺寸如图所示； (4) 按 ✓ 完成并退出草绘界面
	进入草绘界面	点击草绘工具 ⌒ →点选拉伸曲面特征的左端面 → 草绘	(1) 拉伸曲面特征的左端面选定为草绘平面； (2) 视向及方位接受默认设置
	绘制曲线（2）	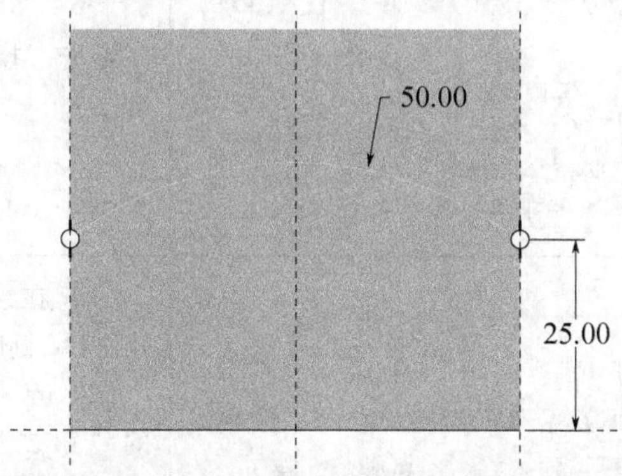 50.00 25.00	(1) 设置视图中的左、右、下三条边为参考线； (2) 使用圆弧绘图工具绘制圆弧； (3) 约束尺寸如图所示； (4) 按 ✓ 完成并退出草绘界面
	进入草绘界面	点击草绘工具 ⌒ →点选拉伸曲面特征的后端面 → 草绘	(1) 拉伸曲面特征的后端面选定为草绘平面； (2) 视向及方位接受默认设置

任务	步骤	操作结果	操作说明
3 创建 4 条曲线特征	绘制曲线（3）	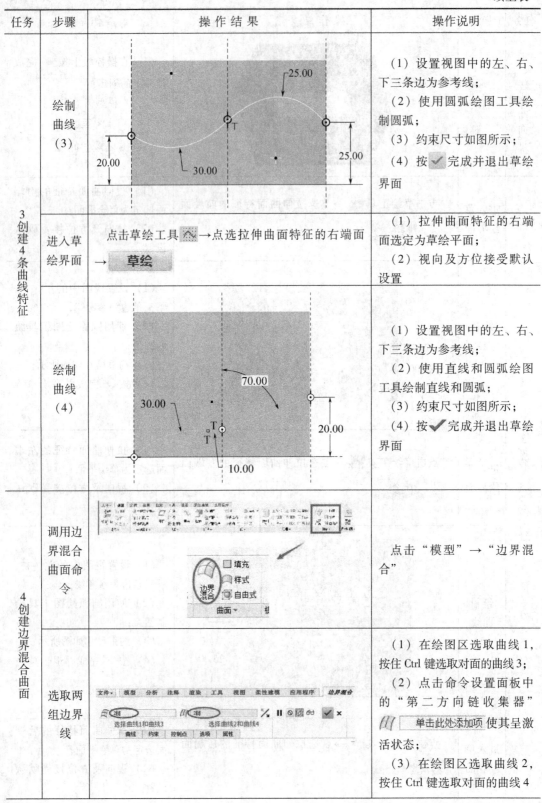	（1）设置视图中的左、右、下三条边为参考线； （2）使用圆弧绘图工具绘制圆弧； （3）约束尺寸如图所示； （4）按 ✓ 完成并退出草绘界面
	进入草绘界面	点击草绘工具 ✎ →点选拉伸曲面特征的右端面 → **草绘**	（1）拉伸曲面特征的右端面选定为草绘平面； （2）视向及方位接受默认设置
	绘制曲线（4）		（1）设置视图中的左、右、下三条边为参考线； （2）使用直线和圆弧绘图工具绘制直线和圆弧； （3）约束尺寸如图所示； （4）按 ✓ 完成并退出草绘界面
4 创建边界混合曲面	调用边界混合曲面命令		点击"模型"→"边界混合"
	选取两组边界线		（1）在绘图区选取曲线 1，按住 Ctrl 键选取对面的曲线 3； （2）点击命令设置面板中的"第二方向链收集器" ⫽ 单击此处添加项 使其呈激活状态； （3）在绘图区选取曲线 2，按住 Ctrl 键选取对面的曲线 4

任务	步骤	操 作 结 果	操 作 说 明
4 创建边界混合曲面	确认		（1）在操控板上按 ✓ 完成边界混合曲面的创建； （2）在模型树上出现 📙 边界混合 1
5 合并曲面	调用合并曲面命令	🔲 镜像　📐 延伸　🗠 投影 🗐 修剪　🗋 偏移　加厚 阵列 ▾ 　合并　相交　实体化 编辑 ▾	（1）在绘图区选取矩形曲面，按住 Ctrl 键选取边界曲面； （2）点击"合并"
	确认		（1）通过 ⚡ 方向按钮，确定需要保留的带网格部分的曲面； （2）在操控板上按 ✓ 完成合并曲面； （3）在模型树上出现： 🕙 合并 1
6 填充底部曲面	调用填充曲面命令	填充 样式 边界 混合　自由式 曲面 ▾	（1）点击"填充"； （2）选取草绘 1 的线框
	确认		（1）在操控板上按 ✓ 完成填充曲面； （2）在模型树上出现： ▢ 填充 1

111

任务	步骤	操 作 结 果	操 作 说 明
7 合并曲面	调用合并曲面命令	镜像 延伸 投影 修剪 偏移 加厚 阵列 合并 相交 实体化 编辑 ▾	（1）在绘图区选取已合并的合并1曲面，按住Ctrl键选取填充1曲面； （2）点击"合并"
	确认		（1）在操控板上按 ✓ 完成合并曲面； （2）在模型树上出现： 🔗 合并2
8 曲面实体化	调用实体化曲面命令	镜像 延伸 投影 修剪 偏移 加厚 阵列 合并 相交 实体化 编辑 ▾	（1）在绘图区选取已合并的合并2曲面； （2）点击"实体化"
	确认		（1）在操控板上按 ✓ 完成曲面实体化； （2）在模型树上出现： 🔲 实体化1
9 文件存盘	保存设计文件	按保存工具 💾 完成存盘	如果要改变存盘目录或名称，可点"文件"→"另存为"

案例 8 - 3 旋钮开关

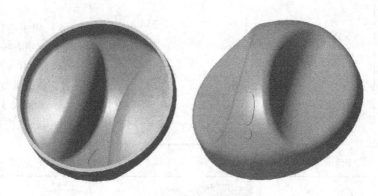

旋钮开关模型

教学任务：

完成旋钮开关模型的设计，掌握旋转曲面、边界混合曲面、曲面镜像、曲面合并、曲面偏移、曲面加厚的基本方法。

操作分析：

该零件的凹槽部分是不规则的曲面，且左右不对称，因此只需要用边界混合命令创建曲面部分，然后通过合并曲面，再加厚曲面即可完成设计。

操作步骤：

任务	步骤	操 作 结 果	操作说明
1 新建 文件	📄	新建文件名：目录/SL8 - 3. prt	新建操作参见前例
2 创建旋转曲面	调用旋转命令	模型 分析 注释 渲染 工具 视图 柔性建模 应用 复制 用户定义特征 轴 旋转 粘贴 复制几何 点 扫描 删除 收缩包络 平面 坐标系 草绘 拉伸 扫描混合 操作 获取数据 基准 形状	点击"模型"→"旋转"
	设置旋转选项	作为曲面旋转	（1）点击"作为曲面旋转"按钮切换成曲面； （2）FRONT 面选定为草绘平面； （3）视向及方位接受默认设置

任务	步骤	操 作 结 果	操 作 说 明
2 创建旋转曲面	草绘旋转轮廓	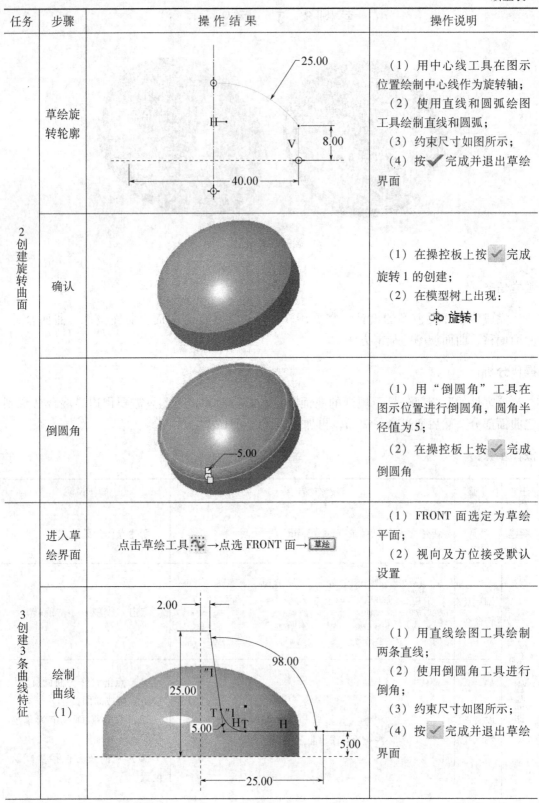	（1）用中心线工具在图示位置绘制中心线作为旋转轴； （2）使用直线和圆弧绘图工具绘制直线和圆弧； （3）约束尺寸如图所示； （4）按 ✓ 完成并退出草绘界面
	确认		（1）在操控板上按 ✓ 完成旋转 1 的创建； （2）在模型树上出现： 　　⊕ 旋转1
	倒圆角		（1）用"倒圆角"工具在图示位置进行倒圆角，圆角半径值为5； （2）在操控板上按 ✓ 完成倒圆角
3 创建 3 条曲线特征	进入草绘界面	点击草绘工具 → 点选 FRONT 面 → 草绘	（1）FRONT 面选定为草绘平面； （2）视向及方位接受默认设置
	绘制曲线（1）		（1）用直线绘图工具绘制两条直线； （2）使用倒圆角工具进行倒角； （3）约束尺寸如图所示； （4）按 ✓ 完成并退出草绘界面

续上表

任务	步骤	操 作 结 果	操作说明
3 创建 3 条曲线特征	创建基准面 1	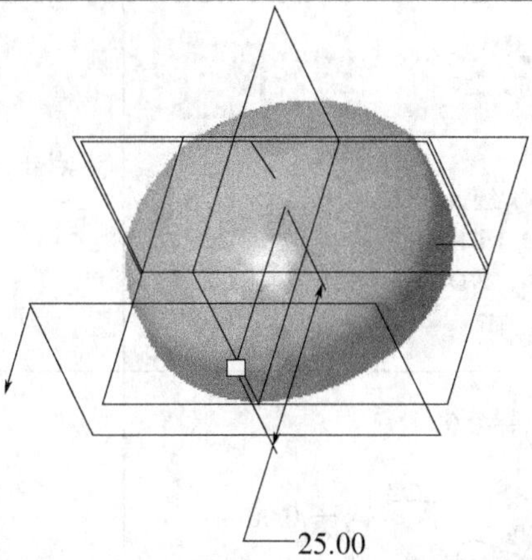 25.00	（1）点击▱平面工具； （2）在绘图区选择 FRONT 面为参照； （3）平移距离值为 25； （4）点击"确定"完成基准面 1 的创建
	进入草绘界面	点击草绘工具 ⠿ →点选 DTM1 面→ **草绘**	（1）刚创建的基准面 1 选定为草绘平面； （2）视向及方位接受默认设置
	绘制曲线（2）	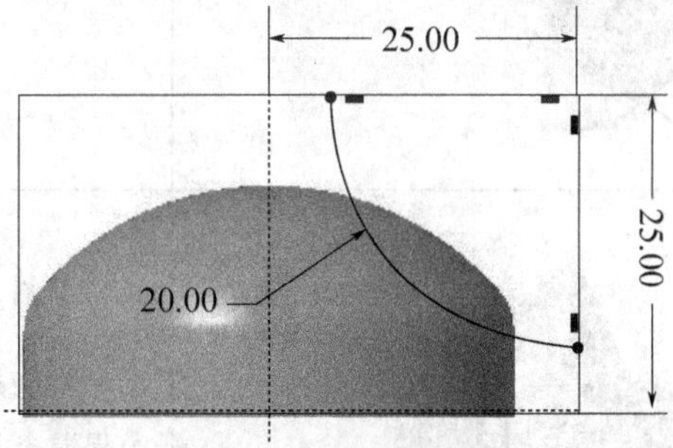 25.00 25.00 20.00	（1）使用圆弧绘图工具绘制圆弧； （2）约束尺寸如图所示
	确认	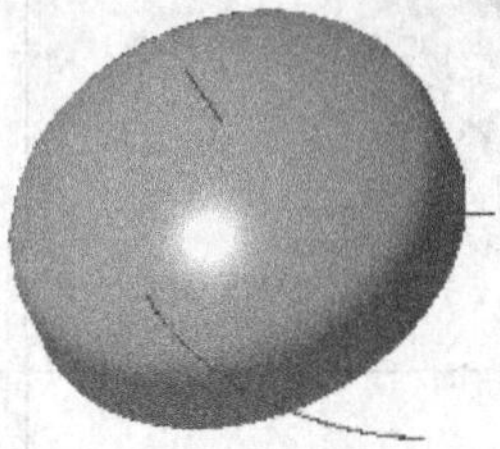	按 ✔ 完成并退出草绘界面
	镜像获得曲线（3）	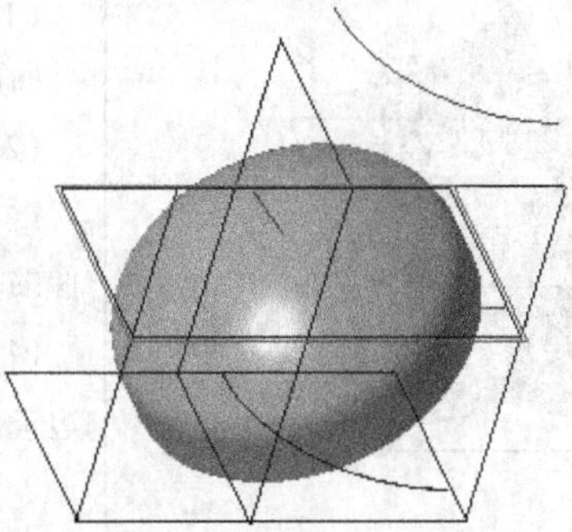	（1）选择刚创建的曲线 2； （2）点击镜像命令 ⼀**镜像**； （3）点选 FRONT 面作为镜像的平面； （4）在操控板上按 ✔ 完成边镜像的创建

任务	步骤	操 作 结 果	操 作 说 明
4 创建边界混合曲面特征	调用边界混合曲面命令		点击"模型"→"边界混合"
	选择边界线		（1）在绘图区选取曲线3； （2）按住 Ctrl 键选取曲线1； （3）按住 Ctrl 键选取曲线2
	确认		（1）在操控板上按 ✓ 完成边界混合曲面的创建； （2）在模型树上出现： 　　　边界混合 1
	创建边镜像		（1）选择刚创建的边界混合曲面； （2）点击镜像命令 镜像； （3）点选 RIGHT 面作为镜像的平面； （4）在操控板上按 ✓ 完成边镜像的创建

续上表

任务	步骤	操作结果	操作说明
5合并曲面	调用合并曲面命令	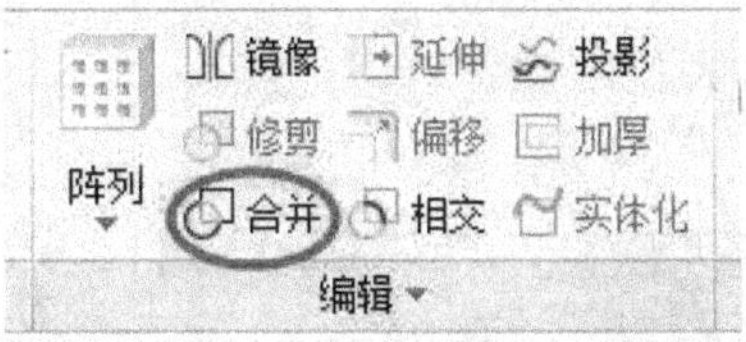	（1）在绘图区选取旋转曲面，按住 Ctrl 键选取边界曲面； （2）点击"合并"
	确认	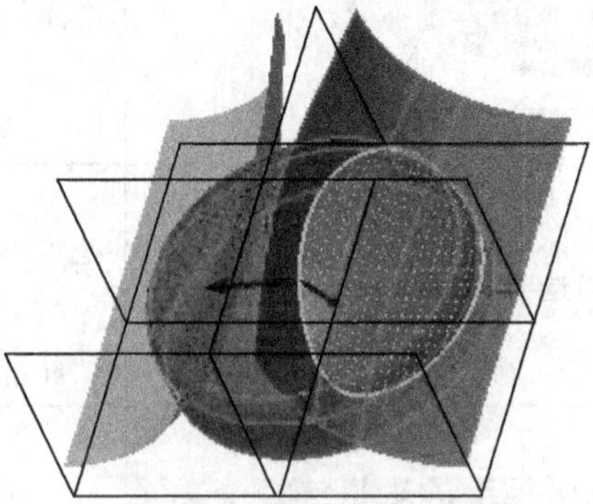	（1）通过 % 方向按钮，确定需要保留的带网格部分的曲面； （2）在操控板上按 ✓ 完成合并曲面； （3）在模型树上出现： 合并1
	合并另一部分曲面	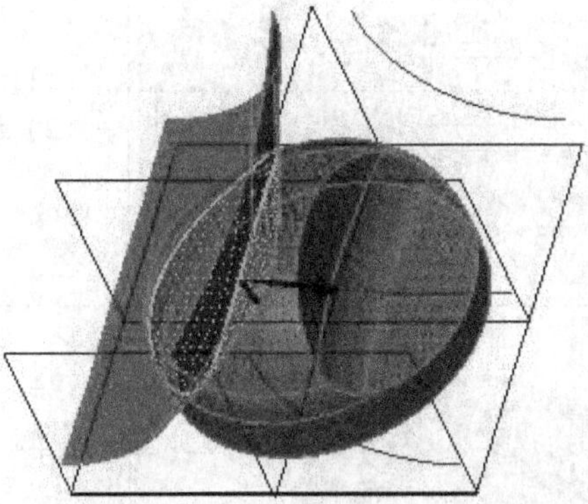	用同样的方法合并另一部分曲面
	倒圆角	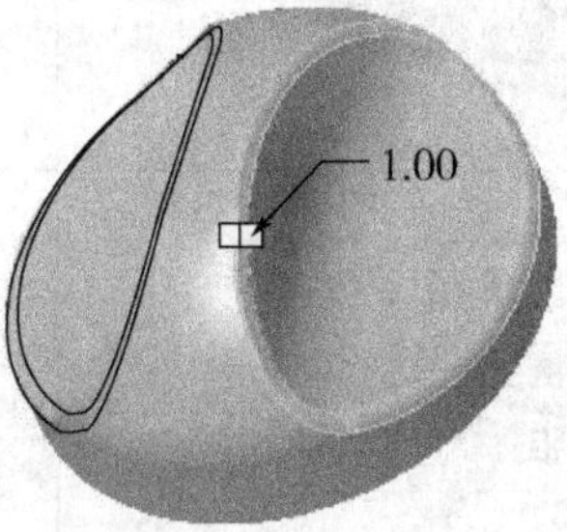 —1.00	（1）用"倒圆角"工具在图示位置进行倒圆角，圆角半径值为1； （2）在操控板上按 ✓ 完成倒圆角

任务	步骤	操作结果	操作说明
6偏移曲面	创建基准面2	25.00	（1）点击 ▱平面 工具； （2）在绘图区选择 TOP 面为参照； （3）平移距离值为25； （4）点击"确定"完成基准面2的创建
	进入草绘界面	点击草绘工具 ～ →点选 DTM2 面→ 草绘	（1）刚创建的基准面2选定为草绘平面； （2）视向及方位接受默认设置
	绘制草绘（3）	5.00 2.00 H 6.00 1.00 12.00	（1）使用椭圆和圆绘图工具绘制椭圆和圆； （2）约束尺寸如图所示
	确认		按 ✔ 完成并退出草绘界面
	调用偏移命令	阵列 镜像 延伸 投影 修剪 偏移 加厚 合并 相交 实体化 编辑 ▾	（1）选择旋钮曲面； （2）点击"偏移"命令

续上表

任务	步骤	操 作 结 果	操 作 说 明
6 偏移曲面	设置偏移命令		（1）点击小三角箭头选择偏移类型； （2）选择的偏移类型为"具有拔模特征"； （3）选择草绘3作为拔模参考轮廓； （4）设置偏移值0.2； （5）拔模角度设置为30°
	确认		（1）在操控板上按✓完成偏移曲面； （2）在模型树上出现： ▶ 🗇 偏移1
7 加厚曲面	调用加厚命令		（1）选择旋钮曲面； （2）点击"加厚"命令
	设置加厚命令		（1）设置加厚厚度值为1； （2）通过✗方向按钮，确定需要加厚的方向，这里设置为向外侧加厚
	确认	1.00	（1）在操控板上按✓完成加厚曲面； （2）在模型树上出现： 🗇 加厚1
8 文件存盘	保存设计文件	按保存工具🖫完成存盘	如果要改变存盘目录或名称，可点"文件"→"另存为"

案例 8 - 4　电风扇扇叶

电风扇扇叶模型

教学任务：

完成电风扇扇叶模型的设计，掌握边界混合曲面、曲面合并、曲面偏移、曲面实体化、分组阵列的基本方法。

操作分析：

该零件的是由中间回转体和 3 片叶片组成，叶片部分是不规则的曲面，因此只需要用边界混合命令创建曲面部分，然后通过合并曲面，再进行曲面实体化，最后通过分组阵列的方式完成电风扇扇叶的设计。

操作步骤：

任务	步骤	操 作 结 果	操作说明
1 新建 文件		新建文件名：目录/SL8 - 4. prt	新建操作参见前例
2 创建旋转实体	调用旋转命令	模型　分析　注释　渲染　工具　视图　柔性建模　应用 复制　用户定义特征　轴　旋转 粘贴　复制几何　平面　点　草绘　拉伸　扫描 删除　收缩包络　坐标系　扫描混合 操作▼　获取数据▼　基准▼　形状▼	点击"模型"→"旋转"
	设置旋转选项	内部 CL 作为实体旋转 放置　选项　属性	（1）点击"作为实体旋转"按钮； （2）FRONT 面选定为草绘平面； （3）视向及方位接受默认设置

续上表

任务	步骤	操 作 结 果	操 作 说 明
2 创建旋转实体	草绘旋转轮廓	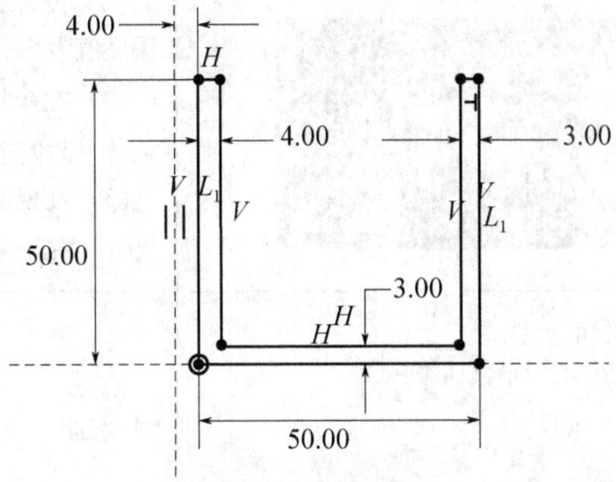	（1）用中心线工具在图示位置绘制中心线作为旋转轴； （2）使用直线绘图工具绘制直线； （3）约束尺寸如图所示； （4）按✔完成并退出草绘界面
	确认		（1）在操控板上按✔完成旋转1的创建； （2）在模型树上出现： ◆ 旋转1
3 拉伸去除形成凹槽	调用拉伸命令	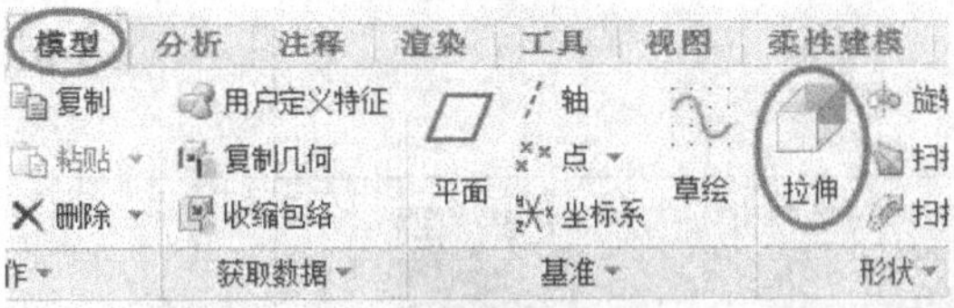	点击"模型"→"拉伸"
	设置草绘平面		（1）如图所示圆柱上表面选定为草绘平面； （2）视向及方位接受默认设置
	绘制草绘截面	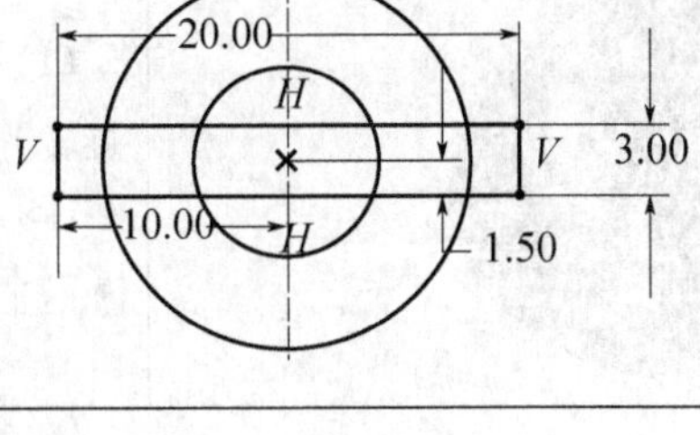	（1）用直线绘图工具绘制直线； （2）约束尺寸如图所示； （3）按✔完成并退出草绘界面

121

任务	步骤	操 作 结 果	操 作 说 明
3 拉伸去除形成凹槽	移除材料并确认	截面1　V　H　H　□　V　5.00	（1）设置为向下移除材料，深度值为5； （2）在操控板上按 ✓ 完成旋转1的创建； （3）在模型树上出现： ▶ 🗇 拉伸1
4 创建轮廓筋	调用命令	⌖倒圆角 ▾ 🔲壳　⌖倒角 ▾ 🗇 筋 ▾　阵列　工程 🗇 轨迹筋　🗇 轮廓筋	点击小三角按钮，选择"轮廓筋"
	草绘截面	H　参考线　40.00	（1）设置 FRONT 面为草绘平面，视向及方位接受默认设置； （2）设置内侧左右两条边为参考线； （3）用直线绘图工具绘制直线； （4）约束尺寸如图所示； （5）按 ✓ 完成并退出草绘界面
	确认	H　□	（1）调整筋生成方向为向内侧； （2）筋板厚度值为3； （3）在操控板上按 ✓ 完成筋1的创建
	阵列筋	轴　尺寸　方向　轴　填充　1个项　6　60.0　选择旋转中心轴　尺寸　表尺寸　参考　表　选项　属性	（1）选取轮廓筋1； （2）点击"阵列"命令； （3）在设置面板中按如图所示进行设置
	确认		（1）在操控板上按 ✓ 完成旋转1的创建； （2）在模型树上出现： ▶ 🔢 阵列1 / 轮廓 筋 1

续上表

任务	步骤	操作结果	操作说明
5 创建拉伸叶片轮廓曲面	进入草绘界面	点击草绘工具 [图标] →点选 TOP 面→ [草绘]	（1） TOP 面选定为草绘平面； （2） 视向及方位接受默认设置
	绘制截面（1）	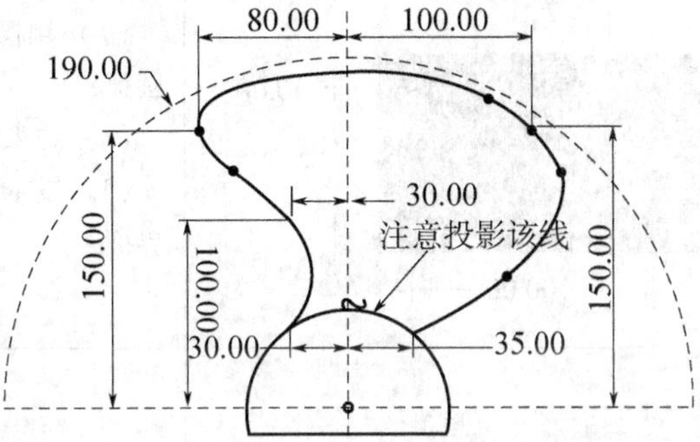	（1） 构建一个半径值为190的圆作为边线，绘制的叶片不能超过该圆； （2） 绘制曲线链如图所示； （3） 投影圆柱上的圆弧曲线，保证叶片是一个封闭的轮廓； （4） 按 ✔ 完成并退出草绘界面
	调用拉伸命令	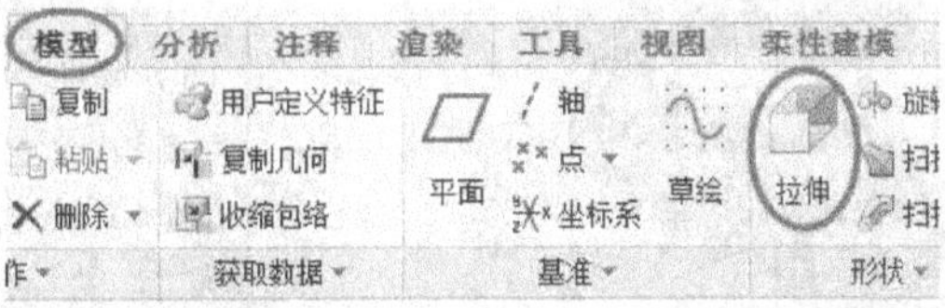	点击"模型"→"拉伸"
	设置拉伸选项	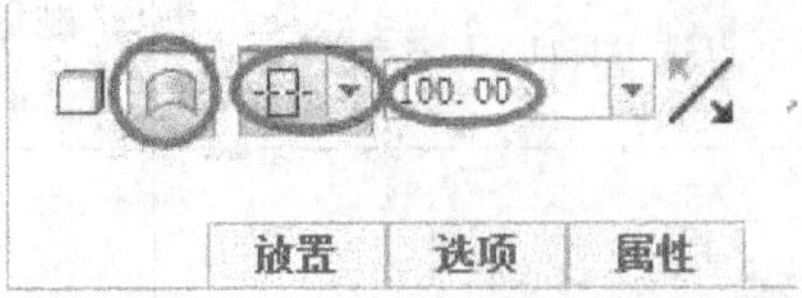	设置： （1） 拉伸为曲面； （2） 拉伸方式为对称拉伸； （3） 输入拉伸深度值100； （4） 其余接受操控板上的默认选项
	确认		（1） 在操控板上按 ✔ 完成拉伸2的创建； （2） 在模型树上出现： ▶ 📄 拉伸2

任务	步骤	操 作 结 果	操作说明
6 创建两条曲线特征	进入草绘界面	点击草绘工具 →点选 FRONT 面→ 草绘	（1）FRONT 面选定为草绘平面； （2）视向及方位接受默认设置
	绘制曲线（1）	 100.00　250.00 30.00 40.00 100.00	（1）用圆弧绘图工具绘制圆弧； （2）约束尺寸如图所示； （3）按 ✔ 完成并退出草绘界面
	创建基准面 1	 220.00	（1）点击 平面 工具； （2）在绘图区选择 FRONT 面为参照； （3）平移距离值为 220； （4）点击"确定"完成基准面 1 的创建
	进入草绘界面	点击草绘工具 →点选 DTM1 面→ 草绘	刚创建的基准面 1 选定为草绘平面
	设置草绘方向	草绘方向 草绘视图方向 反向 参考　RIGHT:F1(基准平面) 方向 右 ▾	视向及方位按如图设置
	绘制曲线（2）	 100.00　150.00 50.00　20.00 600.00	（1）使用圆弧绘图工具绘制圆弧； （2）约束尺寸如图所示

续上表

任务	步骤	操 作 结 果	操作说明
6 创建两条曲线特征	确认	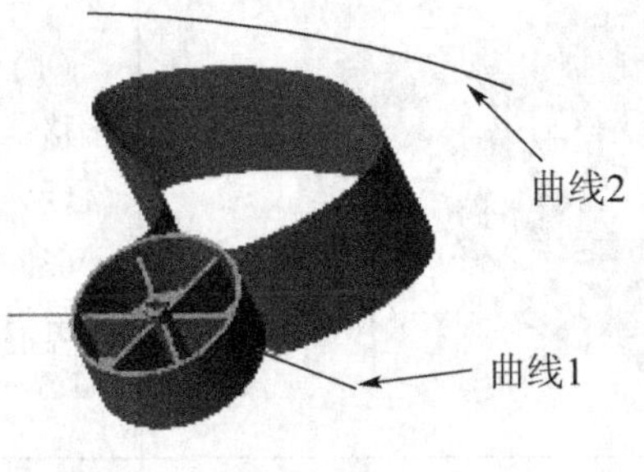 曲线2 曲线1	按 ✔ 完成并退出草绘界面
7 创建边界混合曲面	调用边界混合曲面命令	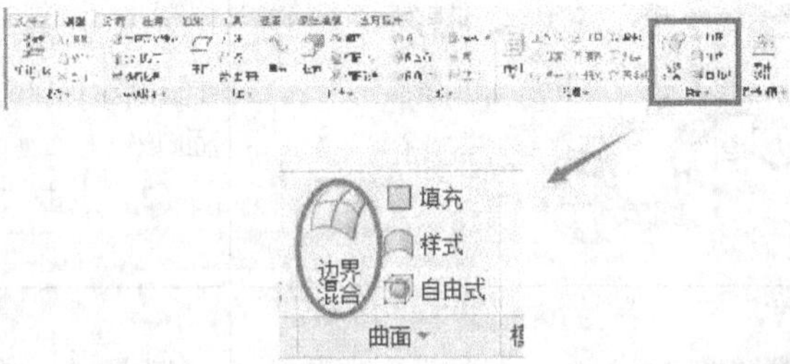 □填充 ○样式 边界混合 ○自由式 曲面▾	点击"模型"→"边界混合"
	选择边界线	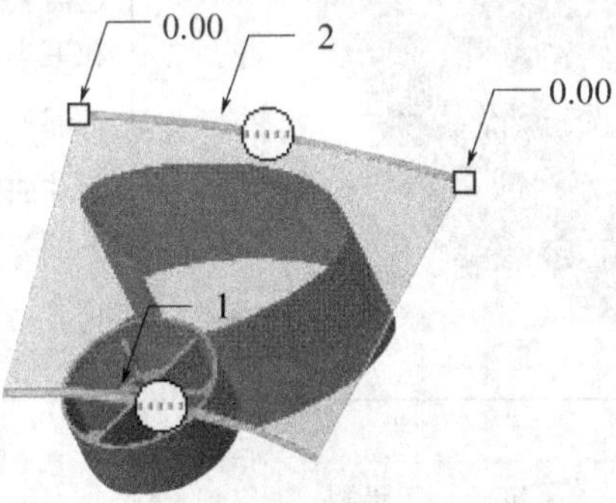 0.00 2 0.00 1	（1）在绘图区选取曲线1； （2）按住 Ctrl 键选取曲线 2
	确认	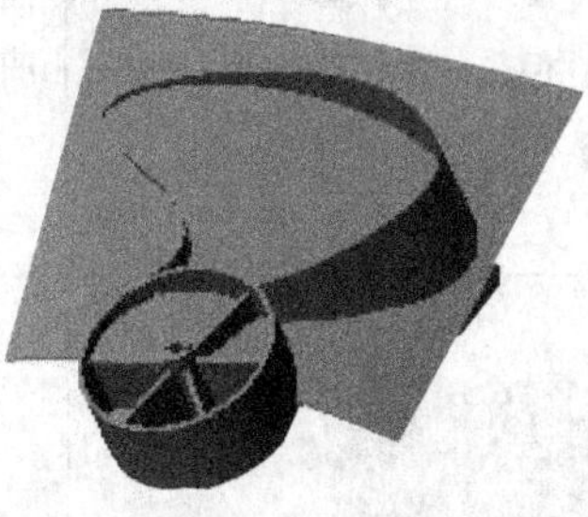	（1）在操控板上按 ✔ 完成边界混合曲面的创建； （2）在模型树上出现： 🪟 边界混合 1
	调用偏移命令	)[(镜像 ⫶ 延伸 ⤻ 投影 ⟲ 修剪 ↗ 偏移 ⊟ 加厚 阵列 ⟳ 合并 相交 实体化	（1）选取边界混合 1 曲面； （2）点击"偏移"命令

125

任务	步骤	操作结果	操作说明
7 创建边界混合曲面	确认	3.00	（1）设置偏移方向为向下偏移； （2）偏移距离值为3； （3）在操控板上按 ✓ 完成边界混合曲面的创建
8 合并曲面	调用合并曲面命令	阵列 ▾ ＤＣ镜像 □延伸 ✦投影 ⟲修剪 ⸢偏移 □加厚 ⟲合并 ⟲相交 ◯实体化 编辑 ▾	（1）在绘图区选取拉伸曲面，按住 Ctrl 键选取边界曲面1； （2）点击"合并"
	确认		（1）通过 ⚹ 方向按钮，确定需要保留的部分为叶片内侧和下半部分； （2）在操控板上按 ✓ 完成合并曲面； （3）在模型树上出现： ⟲ 合并1
	调用合并曲面命令	阵列 ▾ ＤＣ镜像 □延伸 ✦投影 ⟲修剪 ⸢偏移 □加厚 ⟲合并 ⟲相交 ◯实体化 编辑 ▾	（1）在绘图区选取合并1曲面，按住 Ctrl 键选取偏移1曲面； （2）点击"合并"
	选择要合并曲面		通过 ⚹ 方向按钮，确定需要保留的部分为叶片内侧和上半部分

续上表

任务	步骤	操作结果	操作说明
8 合并曲面	确认	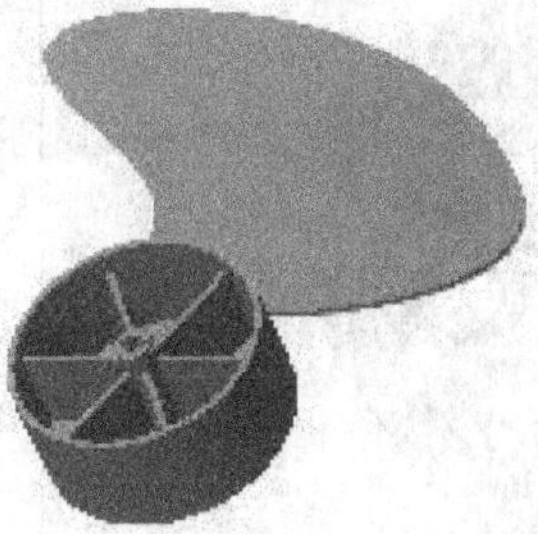	（1）在操控板上按 ✔ 完成合并曲面； （2）在模型树上出现： 　　🔗合并 2
9 曲面实体化	调用实体化曲面命令	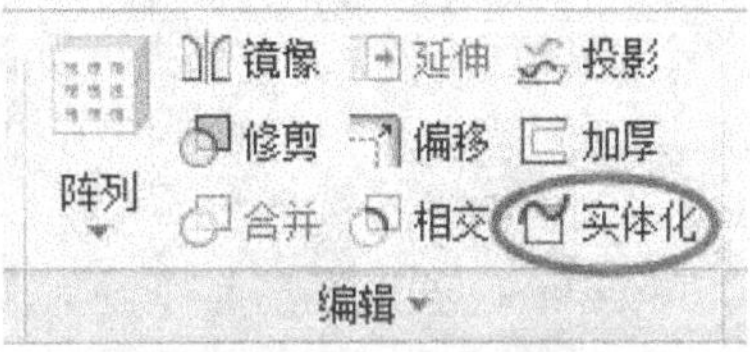 🔳 镜像　延伸　投影 阵列　修剪　偏移　加厚 合并　相交　**实体化** 编辑 ▾	（1）在绘图区选取已合并的合并 2 曲面； （2）点击"实体化"
	确认	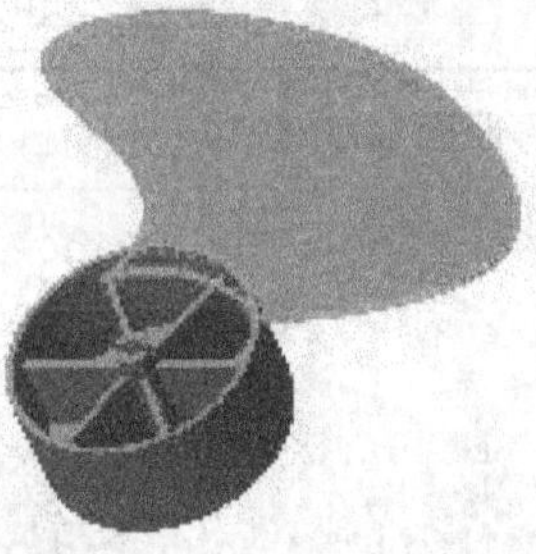	（1）在操控板上按 ✔ 完成曲面实体化； （2）在模型树上出现： 　　🔲 **实体化 1**
10 阵列叶片	创建分组	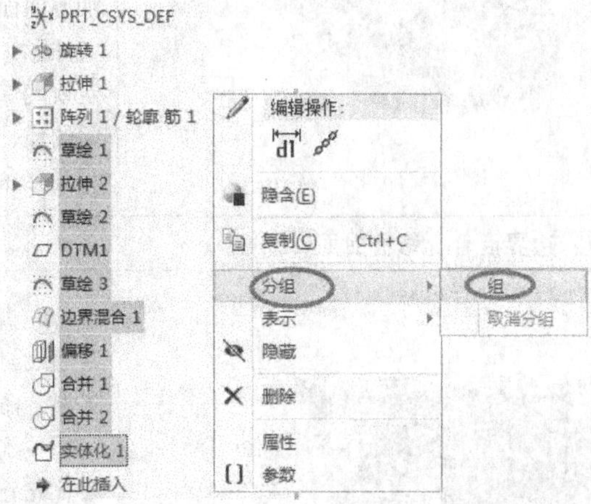 PRT_CSYS_DEF ▶ 旋转 1 ▶ 拉伸 1 ▶ 阵列 1 / 轮廓 筋 1 草绘 1 ▶ 拉伸 2 草绘 2 DTM1 草绘 3 边界混合 1 偏移 1 合并 1 合并 2 实体化 1 → 在此插入 编辑操作： 🖊 d1 隐含(E) 复制(C) Ctrl+C 分组 ▶ 组 / 取消分组 表示 ▶ 隐藏 ✕ 删除 属性 {} 参数	（1）在模型树中，按住 Ctrl 键，同时选中筋板之后的所有特征； （2）右键单击鼠标，选择"分组"→"组"； （3）在模型树上出现： 　　🔲 **实体化 1**
	调用阵列并设置	 轴 ▾　　1个项　　3　　120.0 ▾ 选择旋转中心轴	（1）选取组； （2）点击"阵列"命令； （3）在设置面板中按如图所示进行设置

续上表

任务	步骤	操 作 结 果	操 作 说 明
10 阵列叶片	确认		（1）在操控板上按 ✓ 完成阵列； （2）在模型树上出现： ▶ 📁 组LOCAL_GROUP
11 文件存盘	保存设计文件	按保存工具 💾 完成存盘	如果要改变存盘目录或名称，可点"文件"→"另存为"

8.5 提高篇

TG8－1 鼠标外壳 练习要点：边界混合、曲面加厚		提 示
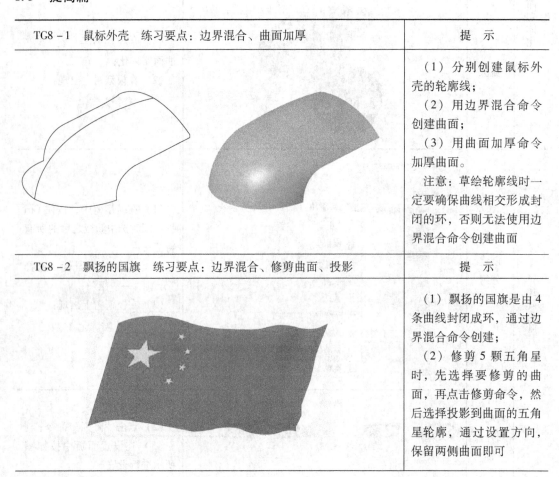		（1）分别创建鼠标外壳的轮廓线； （2）用边界混合命令创建曲面； （3）用曲面加厚命令加厚曲面。 注意：草绘轮廓线时一定要确保曲线相交形成封闭的环，否则无法使用边界混合命令创建曲面

TG8－2 飘扬的国旗 练习要点：边界混合、修剪曲面、投影		提 示
		（1）飘扬的国旗是由4条曲线封闭成环，通过边界混合命令创建； （2）修剪5颗五角星时，先选择要修剪的曲面，再点击修剪命令，然后选择投影到曲面的五角星轮廓，通过设置方向，保留两侧曲面即可

TG8-3 叶轮 练习要点：旋转曲面、边界混合、曲面合并、曲面阵列	提 示
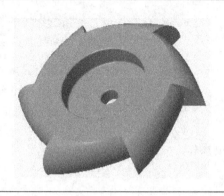	（1）用旋转曲面命令创建叶轮中间部分； （2）通过建立基准面绘制叶片部分在不同面上的轮廓曲线； （3）使用边界混合命令创建曲面； （4）阵列叶片并将所有曲面进行合并
TG8-4 吹风机模型 练习要点：边界混合、曲面的合并、曲面的偏移	提 示
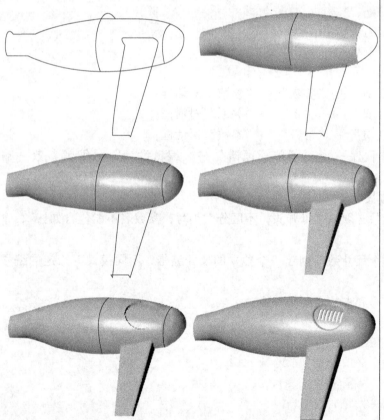	（1）先用草绘绘制吹风机的轮廓曲线； （2）用边界混合命令创建各个曲面； （3）用偏移曲面命令创建散热孔； （4）将所有曲面合并起来形成一个完成的吹风机曲面； （5）用加厚命令，将曲面变成实体模型。 注意：使用边界混合命令时，相交的曲线不能作为同一方向的曲线，因此吹风机的尾部曲面必须分开创建

课题 9　参数化设计

9.1　教学知识点

（1）参数的含义及其设置；

（2）关系的概念与关系式；

（3）关系的添加；

（4）典型零件的参数化设计与变更操作。

9.2　教学目的

通过本课题的教学，理解参数化设计的设计理念，熟悉典型零件的参数要素，能与关系配合建立参数化模型，以达到通过变更参数的数值来变更模型的形状和大小的目的，从而方便修改设计意图。

9.3　教学内容

9.3.1　基本操作

（1）参数设置："工具"→"参数"→"参数"对话框；

（2）添加关系："工具"→"关系"→"关系"对话框；

（3）模型变更："工具"→"参数"→"参数"对话框；

或者"工具"→"程序"→"菜单管理器"→"编辑设计"→编辑参数→输入参数。

9.3.2　操作要领与技巧

（1）用于关系的参数必须以字母开头，不区分大小写，参数名不能包含如!,"，@和#等非法字符；

（2）系统会给每一个尺寸数值创建一个独立的尺寸编号，不同模式下给定的编号也不同；

（3）关系是尺寸符号和参数之间的等式。

9.4　基础篇

案例 9 – 1　参数化方块体

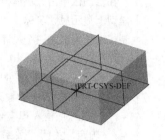 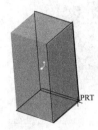 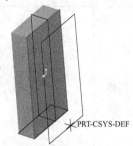

不同参数的方块体

教学任务：

完成方块体的参数化设计，掌握 PRO/E 参数化设计基本流程。

操作分析：

该方块体模型的基本参数是长宽高，可用变量 X、Y、Z 来表示；控制方块体模型大小的是尺寸，可用代号 d0、d1、d2 来表示，尺寸与变量之间可建立关系式。

操作步骤：

任务	步骤	操 作 结 果	操作说明
1 新建文件	🗋	新建文件名：目录/SL9 – 1. prt	新建→零件→名称→去掉"使用默认模板"前的"√"→mmns_ part_ solid→确定
2 设置参数	添加方块体基本参数长宽高		（1）"工具"→ [ ] 参数 →打开"参数"对话框；（2） ➕ →输入 x、100→继续添加 y、z 参数，值可任取→确定
3 创建方块体	调用工具	模型状态下点击工具 ⬛	
	创建结果		TOP 面为草绘平面

续上表

任务	步骤	操作结果	操作说明
4 设置关系	调用工具	工具状态下点击 **d=** 关系	打开关系对话框
	具体操作		在绘图区单击方块体模型→模型上显示尺寸名称，找到控制模型长宽高的三个尺寸名称（此图中为 d0－高、d1－宽、d2－长）→选择尺寸 d0，并在"关系"对话框中输入 d0 = z→同此操作输入 d1 = y，d2 = x→确定，关闭"关系"对话框
5 模型重生	方块体以设定的参数值更新		在模型状态点击 设定的参数值为：X = 100，Y = 100，Z = 200
	调用工具	工具状态下点击 **[ ]** 参数→"参数"对话框（或工具状态下→模型意图→程序→菜单管理器）	
6 修改参数	更改模型大小		观察方块体新参数为：X = 50，Y = 150，Z = 300 时的模型变更。方法1：在"参数"对话框中修改参数的值为新值→确定 ；方法2：菜单管理器→编辑设计→在 INPUT 和 END INPUT 间按格式输入参数变量（如图所示）→保存→退出→是→输入→全选→完成选择→输入 X、Y、Z 的新值→方块体更新如图所示
7 文件存盘	保存格式文件	单击保存工具 完成存盘	如果要改变目录存盘或名称，可点"文件"→"另存为"

案例 9 – 2　通用参数化弹簧

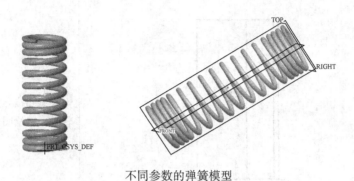

不同参数的弹簧模型

教学任务：

完成弹簧的参数化设计，掌握基于 PRO/E 的通用弹簧的参数设置与关系式的建立，以及参数修改与模型重生的操作。

操作分析：

先用螺旋扫描和拉伸创建通用弹簧，然后添加弹簧参数，设置弹簧关系式和简单程序。最后通过修改参数值重生模型以达到修改设计意图和获得系列通用弹簧的目的。

操作步骤：

任务	步骤	操作结果	操作说明
1 新建 文件		新建文件名：目录/SL9 – 2. drw	新建操作参见前例
2 创建弹簧主体	调用 工具	在模型状态下点击 **螺旋扫描**	
	草绘螺旋扫描轮廓	12.50　12.00　12.00　6.00　PRT-CSRS-DEF	螺旋扫描导航区→参考→定义...→选择 FRONT 基准平面→绘制扫描轮廓线如图所示（由 5 段线组成）→确定

任务	步骤	操作结果	操作说明
2 创建弹簧主体	指定旋转轴	PRT-CSRS-DEF Y-轴(PRT_CSYS_DEF):F4(坐标系)	螺旋扫描导航区→参考→旋转轴→在绘图区选择 *Y* 轴
	草绘扫描截面	PRT-QSYS-DEF 4.00	螺旋扫描导航区→✎→在螺旋扫描轮廓线的起点绘制一个直径为4的圆→确定
	设置弹簧节距	间距　选项　属性 # 间距 位置类型 位置 1 4.00 起点 2 4.00 终点 3 4.00 按值 6.00 4 7.80 按值 18.00 5 7.80 按值 54.00 6 4.00 按值 66.00 添加间距 PRT_CSYS_DEF	螺旋扫描导航区→间距→打开间距项窗口→添加各点节距（如图所示）→✔→完成弹簧主体的创建
3 切平弹簧两端		50.00　12.00　22.96 PRT_CSYS_DEF PRT_CSYS_DEF	（1）调用拉伸工具； （2）在 FRONT 平面草绘一矩形； （3）在拉伸操控区选移除材料； （4）深度项第一、第二侧全部为穿透； （5）移除方向为矩形外

任务	步骤	操 作 结 果	操 作 说 明
4 添加参数		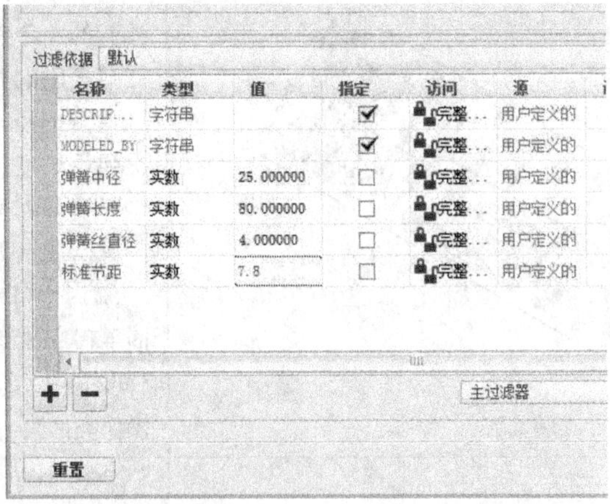	"工具"→"参数"→打开参数对话框→单击添加新参数按钮，添加一个新参数，同此，共添加4个参数，分别命名为"弹簧中径""弹簧长度""弹簧丝直径"和"标准节距"，并设置相应的初始值（如图所示）→确定
5 设置关系式	显示拉伸体和弹簧的尺寸代号	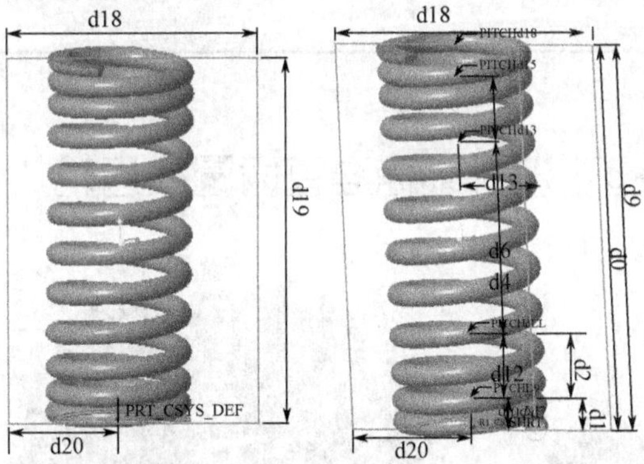	"工具"→"关系"→打开关系对话框→在"查找范围"中选"特征"→在模型树中选拉伸特征，显示拉伸体的尺寸代号（如图所示）→在模型树中选螺旋扫描特征，在菜单管理器中选全部，显示弹簧体的全部尺寸代号（如图所示）
	输入关系式	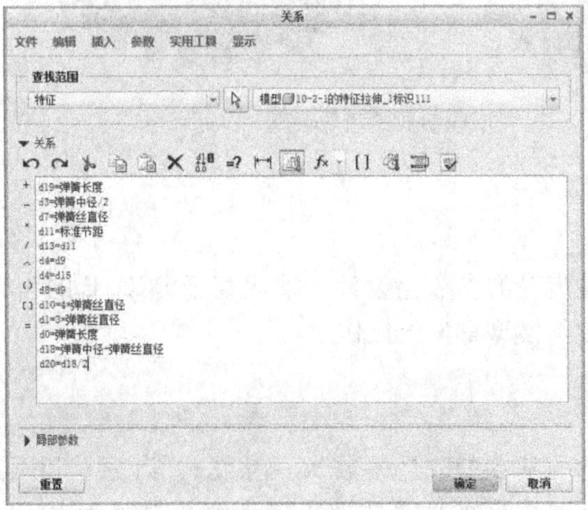	在"关系"对话框的文本框中输入关系式如图所示→确定→点"重画"刷新画面

任务	步骤	操作结果	操作说明
6 重生模型	修改参数值		（1）打开参数对话框，将弹簧的 4 个参数值改为新值： 弹簧丝的直径3， 弹簧中径30， 弹簧长度100， 弹簧标准段节距8， 重生模型如图所示。 （2）也可在程序中编辑设计简单程序来修改参数重生模型（同本课题案例 9－1 的方法 2 操作类似），在此不再赘述
7 文件存盘	保存文件	单击保存工具 💾 完成存盘	如果要改变目录存盘或名称，可点"文件"→"另存为"

案例 9－3　渐开线标准直齿圆柱齿轮

不同参数的齿轮模型

教学任务：

　　完成渐开线标准直齿圆柱齿轮的参数化设计，掌握基于 PRO/E 的齿轮的参数设置和关系式的建立，以及参数修改与模型重生的操作。

操作分析：

　　渐开线标准直齿圆柱齿轮的基本参数是模数 m、齿数 z、齿宽 b 和压力角 α。控制齿轮大小与齿廓形状的尺寸与变量之间的关系式要正确理解并书写无误，才能完成该齿轮的参数化建模。

操作步骤：

任务	步骤	操 作 结 果	操作说明
1 新建 文件	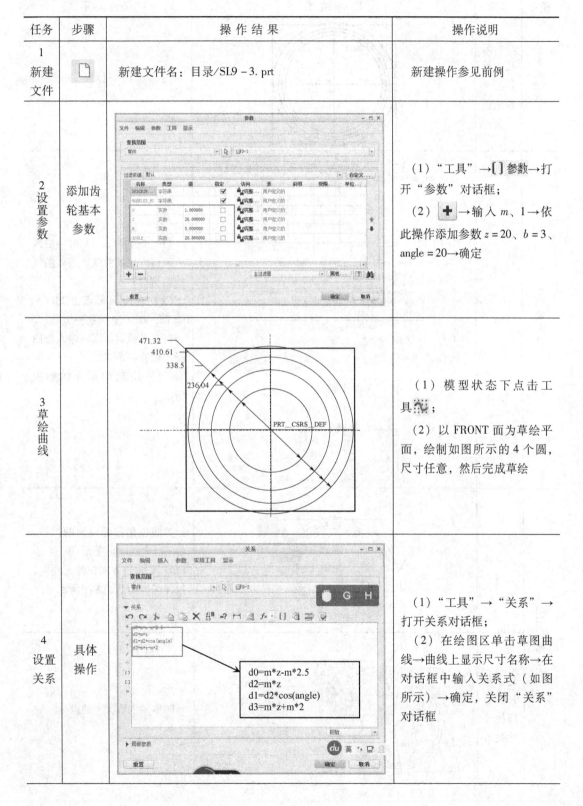	新建文件名：目录/SL9 – 3. prt	新建操作参见前例
2 设置 参数	添加齿 轮基本 参数		（1）"工具"→[ ] 参数→打 开"参数"对话框； （2） ➕ →输入 m、1→依 此操作添加参数 $z=20$、$b=3$、 $angle=20$→确定
3 草绘 曲线			（1）模型状态下点击工 具 ； （2）以 FRONT 面为草绘平 面，绘制如图所示的 4 个圆， 尺寸任意，然后完成草绘
4 设置 关系	具体 操作	d0=m*z-m*2.5 d2=m*z d1=d2*cos(angle) d3=m*z+m*2	（1）"工具"→"关系"→ 打开关系对话框； （2）在绘图区单击草图曲 线→曲线上显示尺寸名称→在 对话框中输入关系式（如图 所示）→确定，关闭"关系" 对话框

任务	步骤	操 作 结 果	操 作 说 明
5 曲线重生	草绘曲线以设定的参数值更新	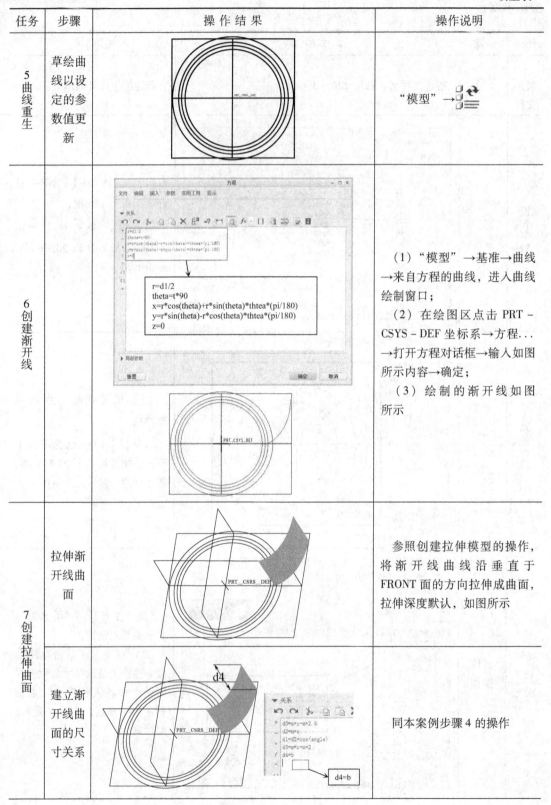	"模型"→
6 创建渐开线			（1）"模型"→基准→曲线→来自方程的曲线，进入曲线绘制窗口； （2）在绘图区点击 PRT – CSYS – DEF 坐标系→方程…→打开方程对话框→输入如图所示内容→确定； （3）绘制的渐开线如图所示
7 创建拉伸曲面	拉伸渐开线曲面		参照创建拉伸模型的操作，将渐开线曲线沿垂直于 FRONT 面的方向拉伸成曲面，拉伸深度默认，如图所示
	建立渐开线曲面的尺寸关系		同本案例步骤 4 的操作

在步骤6的方程中：

```
r=d1/2
theta=t*90
x=r*cos(theta)+r*sin(theta)*thtea*(pi/180)
y=r*sin(theta)-r*cos(theta)*thtea*(pi/180)
z=0
```

任务	步骤	操作结果	操作说明
7 创建拉伸曲面	再生后的渐开线曲面	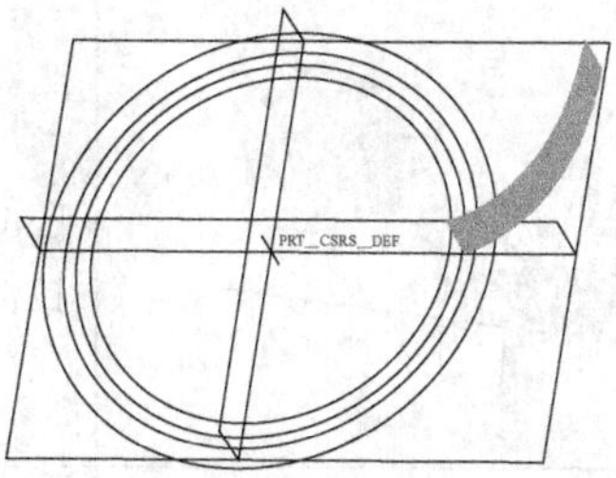	同本案例步骤4的操作
8 延伸曲面	延伸渐开线曲面	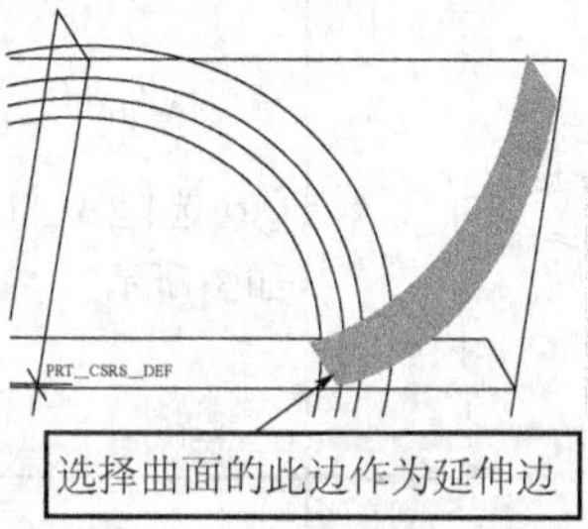  选择曲面的此边作为延伸边	在绘图区选择渐开线曲面的边界线（如图所示）→延伸→选项→方法→相切→完成
	建立延伸渐开线曲面的关系式	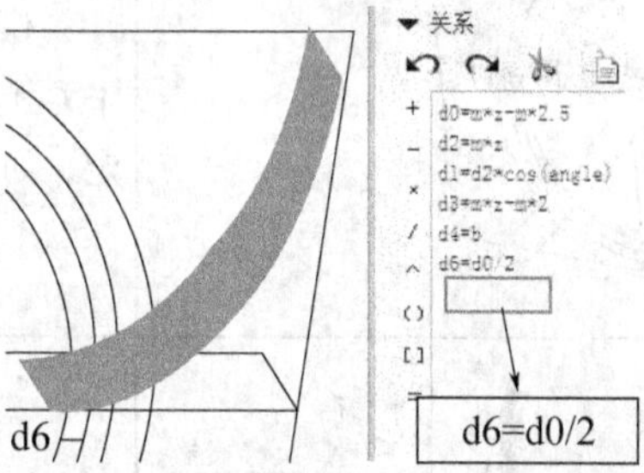 d6=d0/2	同本案例步骤4的操作
	再生延伸曲面	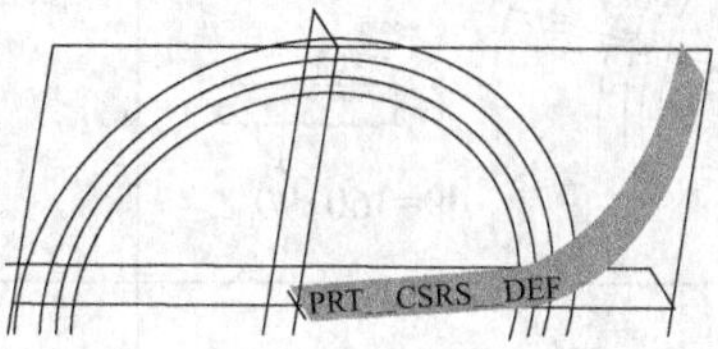	同本案例步骤4的操作
9 创建基准轴	创建 A_1 基准轴线	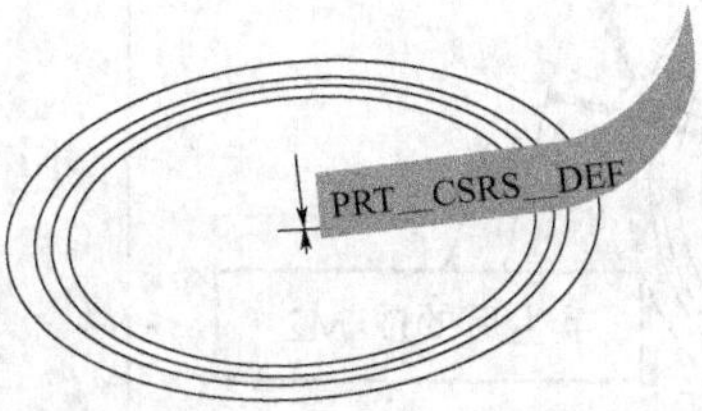	"模型"→轴→在绘图区 Ctrl 选择 TOP 和 RIGHT→确定，如图所示

任务	步骤	操 作 结 果	操 作 说 明
10 创建基准点	创建 PNT0 基准点		"模型"→ 点→在绘图区 Ctrl 选择 d2（分度圆）和拉伸曲面→确定，如图所示
11 创建基准平面	创建 DTM1 基准平面	DTM1	"模型"→ →在绘图区 Ctrl 选择 A_ 1 和 PNT0→确定，如图所示
	创建 DTM2 基准平面	DTM2	"模型"→ →在模型树上 Ctrl 选择 A_ 1 和 DTM1→确定，如图所示
	建立 DTM2 基准平面的关系式	▼关系 d0=mm·z=m*2.5 d2=mm·z d1=d2*cos(angle) d3=mm·z*2 d4=b d6=d0/2 d9=360-90/z d9=360-90/Z	同本案例步骤 4 的操作
	重生 DTM2	重生后的DTM2	同本案例步骤 4 的操作

续上表

任务	步骤	操 作 结 果	操 作 说 明
12 镜像曲面	镜像拉伸和延伸后的曲面	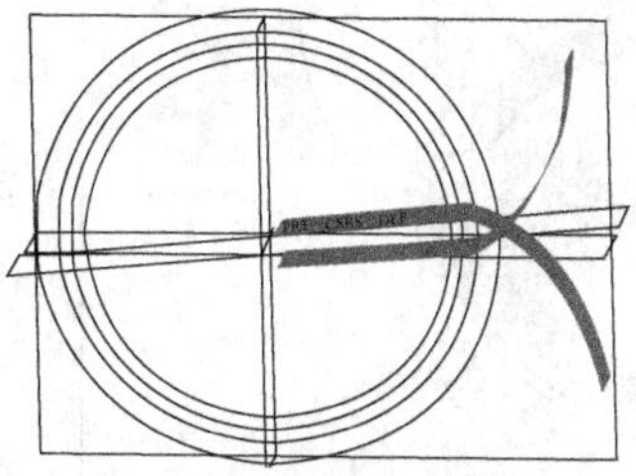	在绘图区选择延伸后拉伸曲面→ 镜像→选择 DTM2 基准曲面→完成，如图所示
13 合并曲面	合并镜像后的两面组	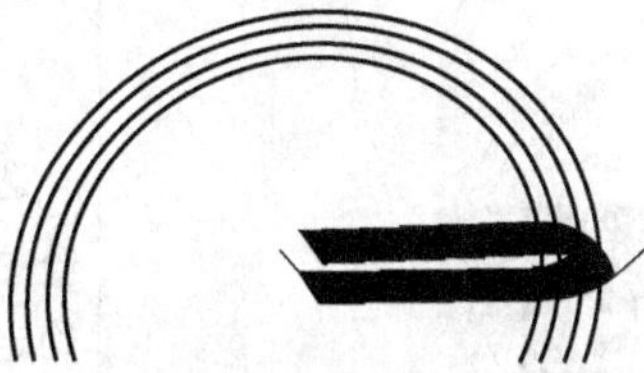	在绘图区选择镜像后的两曲面→ 合并→调整要保留的部分→完成，如图所示
14 创建拉伸曲面	拉伸 d0 圆曲线	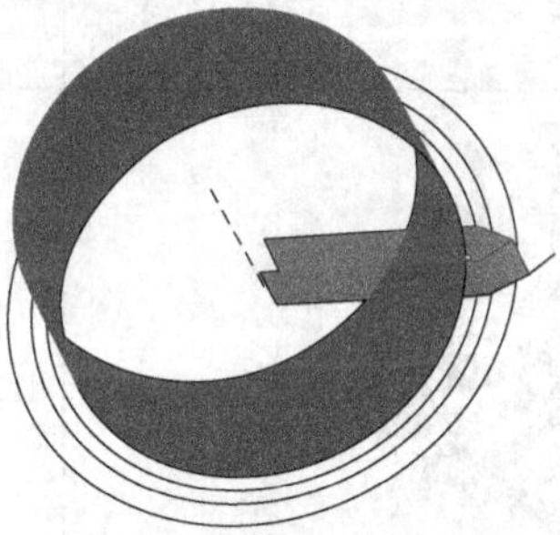	同创建拉伸模型的操作，将 d0 曲线沿垂直于 FRONT 面拉伸成圆柱曲面，深度默认，如图所示
	建立该曲面的关系式并重生该曲面	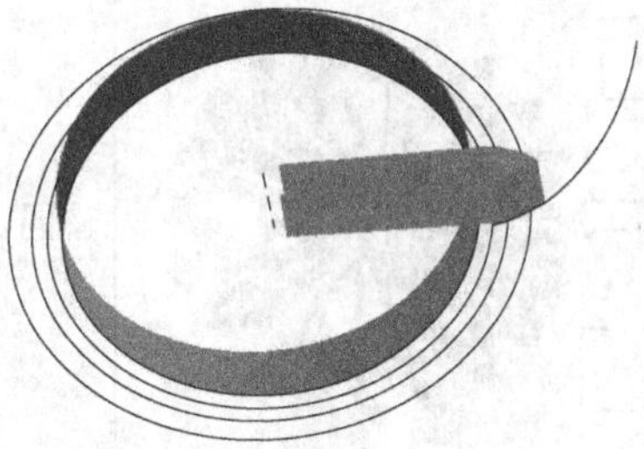	同本案例步骤 4 的操作（关系式为 d10 = b）
15 复制并旋转合并曲面	复制粘贴合并面组并建立关系式		（1）选中之前的合并面组→ 复制→ 选择性粘贴； （2） →在绘图区选择 A_1 轴线→输入旋转角度 60°→"选项"下去掉隐藏原始几何前的√→完成，如图所示

任务	步骤	操作结果	操作说明
15 复制并旋转合并曲面	建立关系式并重生		同前操作（关系式为 d13 = $360/z$）
16 阵列面组	阵列复制粘贴的面组		选中前一步的面组→▦→在绘图区选择角度尺寸"18"→确定，如图所示
	建立关系式并重生		同前操作（关系式为 d15 = d13p16 = $z - 1$）
17 合并面组	合并图中的1、2面组		同合并操作
	1、2合并结果继续与图中的3合并		同合并操作

任务	步骤	操 作 结 果	操 作 说 明
18 合并阵列面组		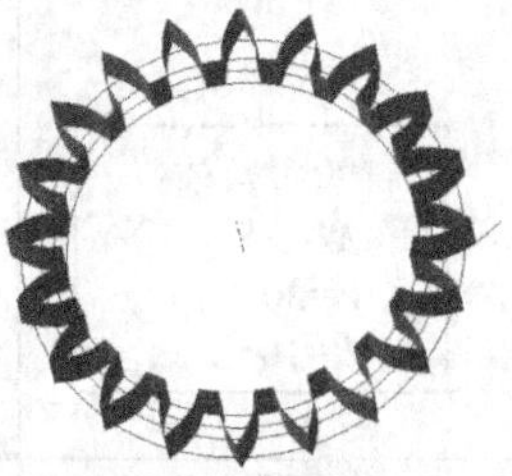	在模型树中选中刚完成的合并曲面→右键→阵列→在"阵列"操控面板中点完成，结果如图所示
19 创建拉伸曲面	拉伸 d3 圆曲线	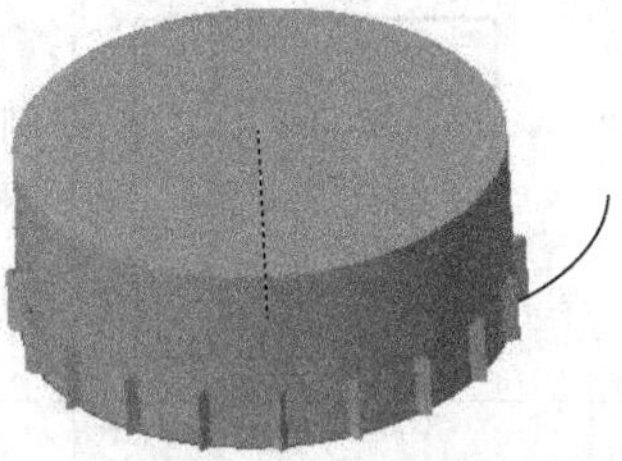	同创建拉伸模型的操作，将 d3 曲线沿垂直于 FRONT 面拉伸成圆柱曲面，"选项"中勾选封闭端，深度默认，如图所示
	建立关系式并重生该曲面	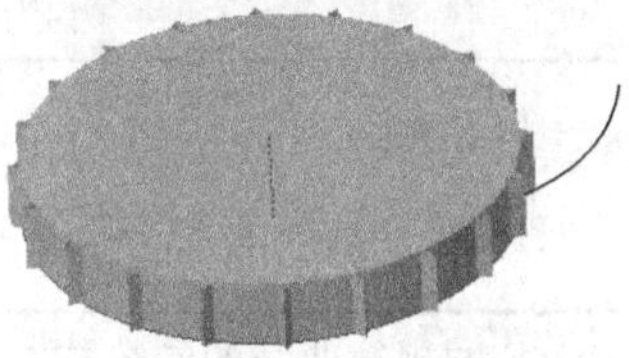	同本案例步骤 4 的操作（关系式为 d35 = b）
20 合并曲面			选择上一步的拉伸曲面和最后的合并曲面进行合并，操作同前，此处不再赘述，隐藏所有的基准、草图和曲线后结果如图
21 实体化曲面			在模型树中选择最后的合并曲面→ 实体化 →在"实体化"操控面板中点完成，结果如图所示

任务	步骤	操 作 结 果	操 作 说 明
22 修改齿轮参数	方法1	新的参数值： M=1.5 Z=30 B=10	在"参数"对话框中修改参数的值为新值→确定→
	方法2	INPUT m number z number b number END INPUT	设计简单程序（同本课题案例1操作，在 INPUT 和 END INPUT 间插入的语句如图所示）
23 文件存盘	保存格式文件	单击保存工具 📁 完成存盘	如果要改变目录存盘或名称，可点"文件"→"另存为"

9.5 提高篇

TG9 – 1　参数化曲线　练习要点：基于 PRO/E 的规律曲线的参数与方程式的建立	提　示
TG9-1-1 TG9-1-3　　　　　　　TG9-1-2 TG9-1-4	TG9 – 1 – 1——圆柱坐标 $r = t \times (10 \times 180) + 1$ $theta = 10 + t \times (20 \times 180)$ $z = t$ TG9 – 1 – 2——圆柱坐标 $r = 10 \times t$ $theta = t \times 360 \times 5$ $z = 30 \times t \times t$ TG9 – 1 – 3——圆柱坐标 $theta = t \times 360$ $r = 10 + (3 \times \sin(theta \times 2.5))^2$ TG9 – 1 – 4——球坐标 $rho = 4$ $theta = t \times 180$ $phi = t \times 360 \times 20$

续上表

TG9－2 齿轮 练习要点：带孔齿轮的参数设置与关系式的建立	提 示
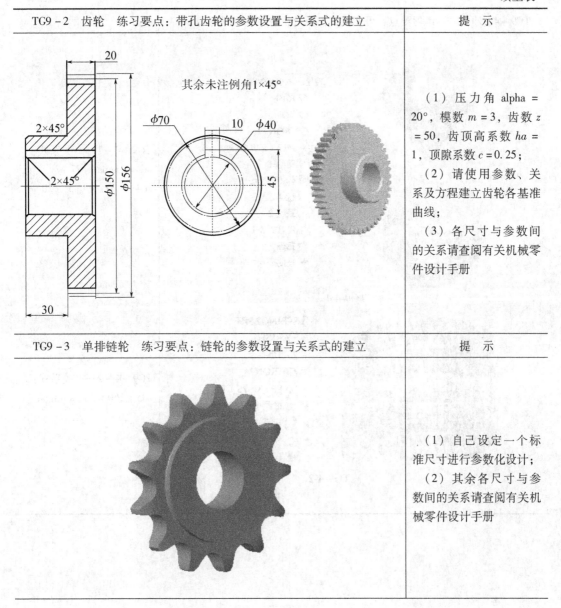 其余未注倒角1×45°	（1）压力角 alpha = 20°，模数 m = 3，齿数 z = 50，齿顶高系数 ha = 1，顶隙系数 c = 0.25； （2）请使用参数、关系及方程建立齿轮各基准曲线； （3）各尺寸与参数间的关系请查阅有关机械零件设计手册
TG9－3 单排链轮 练习要点：链轮的参数设置与关系式的建立	提 示
	（1）自己设定一个标准尺寸进行参数化设计； （2）其余各尺寸与参数间的关系请查阅有关机械零件设计手册

TG9 – 4 小饰物 练习要点：可变截面扫描及轨迹参数的应用	提 示
TG9-4-1	TG9 – 4 – 1——关系式： $sd4 = trajpar \times 77$ $sd41 = 20 - trajpar \times 20$
TG9-4-2	TG9 – 4 – 2——关系式： $sd5 = 150 \times 360 \times trajpar$

TG9-4-1 部分：

- ZUANSHI.PRT
  - RIGHT
  - TOP
  - FRONT
  - PRT_CSYS_DEF
  - 草绘 1
  - ▶ 伸出项 标识51
  - ▶ 拉伸 1
  - 草绘 2
  - PNT0
  - ▶ 扫描 1
  - ➜ 在此插入

TG9-4-2 部分：

- SPRING2.PRT
  - RIGHT
  - TOP
  - FRONT
  - PRT_CSYS_DEF
  - ▶ 曲面 标识39
  - ▶ 扫描 1
  - ▶ 伸出项 标识116
  - ➜ 在此插入

课题 10　常用装配方法

10.1　教学知识点

（1）约束和关系选择；

（2）自动与手动约束装配；

（3）阵列与镜像装配；

（4）机构的分解操作。

10.2　教学目的

了解"组件"模块中的约束和关系，掌握常用的装配方法、阵列与镜像装配方法以及机构的"分解"和调整方法。

10.3　教学内容

10.3.1　基本操作步骤

"新建" □ →"装配"→" 🖴 组装"："默认"装配第一个零件→完全约束→装配下一个零件→完全约束 ✔ →重复至完成装配→"保存"。

10.3.2　操作要领与技巧

（1）装配首件使用"默认" 🖳 默认 约束，使装入零件的坐标与组件坐标重合；

（2）轴线与轴线、平面与平面、柱面与柱面间的装配以及相切装配均可以使用"自动"约束；装配操作只需点选线－线、面－面；

（3）平面与平面"自动"装配若方向相反时，使用"平面换向操作"切换；

（4）正确使用"约束类型"，根据需要可选择使两平面"重合""距离""角度偏移"等。

（5）当出现"完全约束"提示但装配位置仍不符合要求时，需手动增加一个"过约束"。

10.4 基础篇

案例 10 – 1 洗衣机脚轮

1-3.prt安装座

1-1.prt轮架

1-5.prt螺钉

1-4.prt轮轴

1-6.prt销钉　　1-2.prt轮钉

洗衣机脚轮装配示意图　　　　　　　　　　完成装配后的组件

教学任务：

完成洗衣机脚轮组件装配设计。掌握轴/孔/面类通过约束的装配操作，详细如下：

（1）"缺省"与"固定"约束操作；

（2）"自动"与"手动"约束操作；

（3）"分解"操作。

操作分析：

（1）脚轮装配大多数是轴/孔的重合约束装配，这种装配只需两个约束即可完全约束：一个是面面重合约束、一个是轴轴重合约束。

（2）轴/孔装配可使用"自动"约束，系统会自动选定约束类型。

（3）操作：分别选择装配元件的两个平面并设置"约束类型"，再分别点选两装配元件的两条轴线（或柱面）并设置"约束类型"。当发现装配的平面相反时，请使用"平面换向"操作将其更正。

（4）脚轮产品装配中只有销钉装配时使用了"相切"约束，销钉的端平面与安装座杆的圆柱面相切，操作仍可由"自动"约束自动判断，系统可根据一个平面、一个柱面选定"相切"约束。

（5）由于"自动"是缺省选项，调入装配元件后只直接点选面 – 面、线 – 线，所以自动装配俗称"智能"装配法。

操作步骤：

任务	步骤	操 作 结 果	操作说明
1 新建文件		**新建** 类型 ○ 布局 ○ 草绘 ○ 零件 ● 装配 ○ 制造 ○ 绘图 ○ 格式 ○ 报告 ○ 图表 ○ 布线图 ○ 记事本 ○ 标记 子类型 ● 设计 ○ 互换 ○ 校验 ○ 工艺计划 ○ NC 模型 ○ 模具布局 ○ 外部简化表示 ○ 可配置模块 ○ 可配置产品 ○ ECAD 名称：10-1 公用名称： ☐ 使用默认模板 确定 取消 文件名：10 – 1. Asm	（1）设置"10 – 1 脚轮"工作目录，保证机构所有零件在该目录文件夹中； （2）"文件"→"管理会话"→"拭除未显示的（D）"； （3）"新建"→"装配""设计"→"名称 10 – 1"→不使用默认模板→"确定"→"mmns_asm_design"→"确定"
2 装配轮架（首件）	装配零件1	 用户定义 放置 移动 选项 挠性 自动 / 自动 / 距离 / 角度偏移 / 平行 / 重合 / 法向 / 共面 / 居中 / 相切 / 固定 / 默认 （全选） ☑ 轴显示 ☑ 点显示 ☐ 坐标系显示 ☐ 平面显示 状况：完全约束 关闭　打开 模型树 树过滤器(F)... 列阵(C)... 样式列 显示 ☑ 特征 ☑ 放置文件夹 ☐ 注释 ☑ 截面 ASM0002.ASM ⬚ 1-1.PRT ASM0002.ASM ASM_RIGHT ASM_TOP ASM_FRONT ASM_DEF_CSYS ▼ 1-1.PRT RIG 隐含(E) TO 复制(C) FRO 隐藏 PR	（1）"组装" →"1 – 1. prt"→预览→打开→进入装配操控板，在绘图区调入脚轮的轮架零件→关闭"显示三 D 拖动器"→打开"指定约束时在窗口中显示元件" ； （2）"自动"展开约束列表→ 默认，显示"完全约束"→ ✔ 完成； （3）关闭"平面显示""坐标系显示"，使画面清晰； （4）"模型树"→"树过滤器"→"特征""放置文件夹"→"确定"，在模型树显示坐标系和基准； （5）按"Ctrl"选择 1 – 1 零件的坐标和基准面→右键菜单选择"隐藏"

任务	步骤	操 作 结 果	操 作 说 明
3 装配轮1	调入零件2自动面面重合约束		（1）"组装" → "1-2.prt" →预览→打开→进入装配操控板，在绘图区调入轮1零件； （2）"移动" → "定向模式" →选择零件2，按住中键旋转至合适位置； （3）选择面1、面2→ "放置" → "约束类型" → "重合" → "反向"
	自动轴线重合约束		（1）打开轴线显示； （2）点选轮子上的轴线A_2再点选轮架上的轴线A_2→显示"完全约束"； （3）✔ 完成装配如图所示
4 装配轮2	在装配模式下镜像元件		（1）方法1：同轮1装配方法，读者自行完成； （2）方法2：在装配模式下创建元件" " → "零件" "镜像" "1-2-2" → "确定"； （3）零件参考"选择项" →选择轮1零件，出现"1-2.prt" →平面参考"选择项" →选择组件模型树中组件"FRONT"基准面，出现 ASM_FRONT:F3(基准平面) → "预览" → "确定"； （4）✔ 完成装配如图所示

任务	步骤	操 作 结 果	操作说明
4 装配轮2			
5 装配支撑架	调入零件3自动面面重合约束	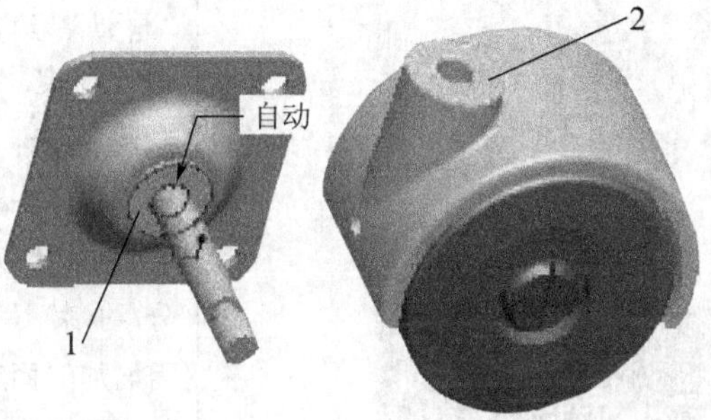	（1）"组装" 🖳 → "1 - 3. prt" →预览→打开； （2）选择面1、面2→"放置"→"重合"
	自动轴轴重合约束	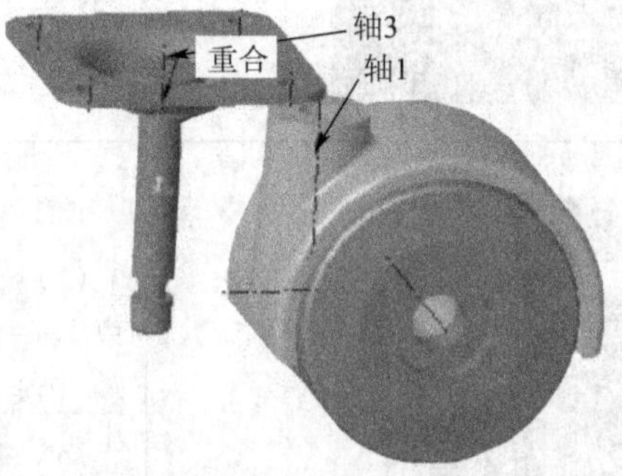	（1）分别选择零件1上轴1、零件3的轴3→"重合"→显示"完全约束"； （2）✔ 完成装配如图所示
6 装配销钉6	自动轴轴装配	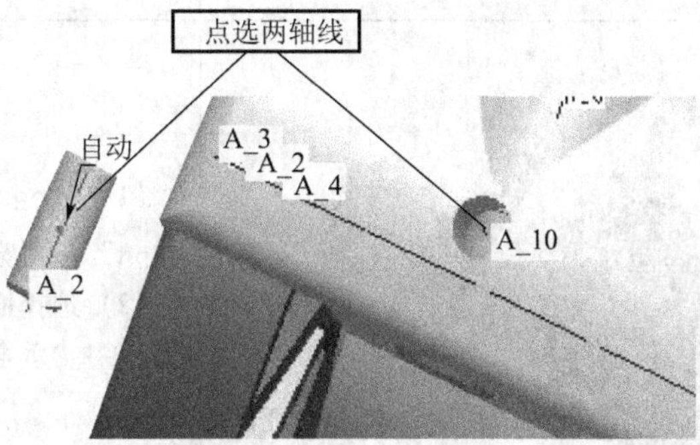	（1）"组装" 🖳 → "1 - 6. prt" →预览→打开； （2）点选销钉上的轴线 A_2，再点选轮架上的轴线 A_10 → "重合"

任务	步骤	操作结果	操作说明
6 装配销钉 6	自动相切装配	相切 自动 1 移动位置1 相切 自动 2 移动位置2	（1）将图形移动放置成图示的大致位置1，点选销钉的环形端平面1； （2）将图形移动放置成图示的大致位置2，再点选孔内安装座的圆柱面2。此时，"自动"约束选定的是"相切"约束，在操控板约束显示栏显示：相切，销子插入到柱面处；此时销钉已安装到位，约束却提示为："部分约束" 状态:部分约束，需增加"固定"约束
	固定约束完成安装		（1）"放置"→"新建约束"→选择"固定" 固定→状态:部分约束； （2）✔完成零件6装配
7 装配轮轴 4	自动面面重合	自动 1 2	（1）"组装" →"1 - 4.prt"→预览→打开； （2）选择面1、面2→"放置"→"重合"

续上表

任务	步骤	操作结果	操作说明
7 装配轮轴4	自动轴轴重合	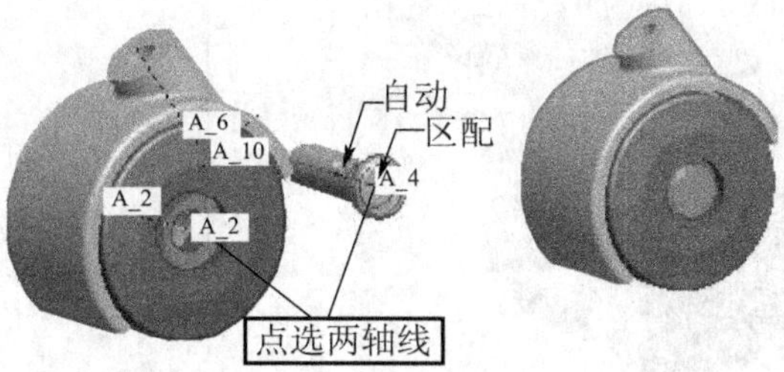	（1）分别选择零件1上轴1、零件4的轴3→"重合"→显示"完全约束"； （2）✔ 完成装配如图所示
8 装配螺钉5	调用指令		关闭所有的基准显示以使画面清晰
	自动面面装配	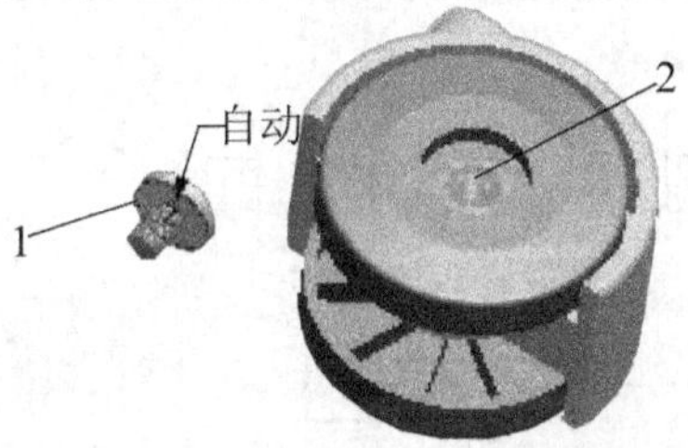	（1）"组装" ⬚→"1-5.prt"→预览→打开； （2）选择面1、面2→"放置"→"重合"
	自动约束点选轴线	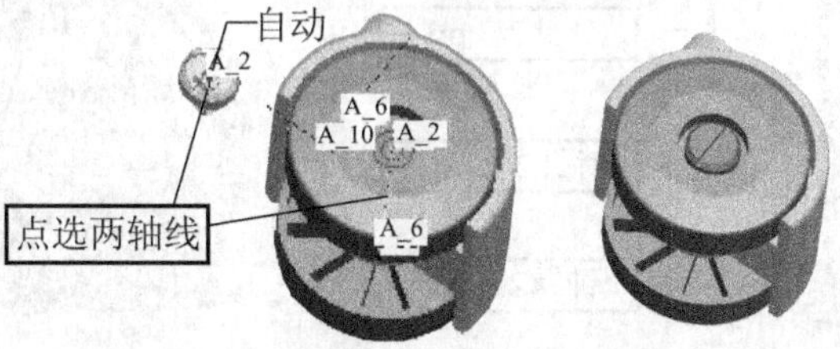	（1）分别选择零件1上轴1、零件5的轴3→"重合"→显示"完全约束"； （2）✔ 完成装配如图所示
9 分解操作	自动分解结果		（1）"分解图" ⬚ 分解图→结果如图所示； （2）如不符合要求，"编辑位置" ⬚ 编辑位置 进行修改
	编辑位置		⬚ 编辑位置 →选择需移动的零件，出现移动坐标，鼠标按住坐标便可以将零件沿着坐标方向移动，修改结果如图所示

任务	步骤	操 作 结 果	操 作 说 明
9 分解操作	取消分解		点击"分解图" 分解图，取消分解
10 文件存盘	保存设计文件	按保存工具 完成存盘	如果要改变目录存盘或名称，可点"文件"→"另存为"

案例 10 - 2 座 钟

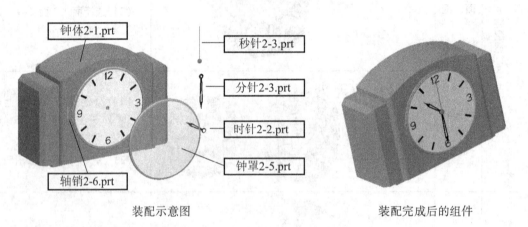

钟体2-1.prt

秒针2-3.prt

分针2-3.prt

时针2-2.prt

钟罩2-5.prt

轴销2-6.prt

装配示意图   装配完成后的组件

要求：装配完成后钟的时间为：10 点 30 分，如上图所示。

教学任务：

完成座钟组件装配，进一步熟悉前一实例的"自动"装配操作，学会应用"过约束"进行装配。

操作分析：

（1）座钟装配仍属轴/孔/面装配，使用前述的"自动"约束可实现"完全约束"，但是"完全约束"之后，钟的指针并不指向要求的时间（10:30），此情况下我们必须在"完全约束"之后再增加一个约束，以校正时钟的时间。

（2）"过约束"需人工添加（注：在未完全约束时由系统自动添加约束），操作如下：在操控板上点选"放置"→选择"新建约束"→选择"约束对象"→设置"约束类型"，即可完成约束添加操作。

（3）新增约束实现调整时钟指针角度操作：

接受缺省"自动"约束→点选两装配元件上不平行的两个平面（垂直）→此时两面间出现夹角显示，上滑板上的"自动"约束变为"角度偏移"→在相应的角度输入框内输入角度值/回车→时钟指针即按角度值旋转。本例装配时针、分针、秒针时，都采用此操作法。

在装配钟罩时，钟罩铰接处位置不正确，也需增加一个"过约束"，此项操作也可按上法操作，此外也可点选钟罩铰链上的轴线与钟体铰链上的轴线，此时不用输入角度即可完成钟罩的旋转。

操作步骤：

任务	步骤	操 作 结 果	操作说明
1 新建 组件 文件		新建文件名：10 – 2. Asm	新建操作参见前例
2 装配 钟体 （首件）	装配首件零件1		（1）"组装" →"1 – 1. prt"→预览→打开→ 在窗口中显示元件→关闭 ； （2）"默认" 默认→，显示"完全约束"→ 完成； （3）关闭"平面显示""坐标系显示"，使画面清晰； （4）"模型树"→"树过滤器"→"特征""放置文件夹"→"确定"在模型树显示坐标系和基准； （5）按"Ctrl"选择1 – 1零件的坐标和基准面→右键菜单选择"隐藏"
3 装配 时针	自动面面重合约束		（1）"组装" →"2 – 2. prt"→"预览"→"打开"，调入时针零件； （2）"移动"→"平移"→选择时针，移动至合适位置； （3）选择面1、面2→"放置"→"重合"

续上表

任务	步骤	操作结果	操作说明
3 装配时针	自动轴轴重合约束	点选两轴 A_4 A_35 自动 A_9　　A_2	（1）使用"移动（平移）"操作将时针拖移至钟座附近位置； （2）点选时针上的轴线 A_2，再点选钟座上的轴线 A_2→显示"完全约束"，时针默认指向 3 点钟
	自动创建过约束	放置　移动　选项　挠性　属性 集4（用户定义） 　重合 　重合 →角度偏移 　2-2:FRONT:F3 (基准平面) 　ASM_RIGHT:F1 (基准平面) 新建约束 ☑约束已启用 约束类型 角度偏移 偏移 45.00　反向 2-2.PRT 放置 RIGHT　隐藏 TOP FRONT PRT_CSYS_DEF	（1）"放置"→"新建约束"→分别选择时针上的"FRONT"和组件上的"RIGHT"基准面→"角度偏移"→输入偏移值"45"→时针默认指向 10 点半钟方向； （2）✔ 完成装配如图所示； （3）将模型树中零件 2 时针的基准隐藏
4 装配分针	自动面面重合约束	2 1	（1）"组装"→"2-3.prt"→"预览"→"打开"，调入分针零件； （2）"移动"→"平移"→选择分针移动至合适位置； （3）选择面 1、面 2→"放置"→"重合"

任务	步骤	操 作 结 果	
4 装配分针	自动轴轴重合约束	点选两轴线 / 自动 / A_2 / A_24 / A_35 / 角度偏移 / 重合 / 重合	（1）使用"移动（平移）"操作将时针拖移至钟座附近位置； （2）点选分针上的轴线 A_2，再点选钟座上的轴线 A_2→显示"完全约束"，分针默认指向 3 点钟
	自动创建过约束	放置 移动 选项 挠性 属性 集6（用户定义） 重合 重合 角度偏移 2-3:FRONT:F3（基准平面） ASM_RIGHT:F1（基准平面） 新建约束 ✔约束已启用 约束类型 角度偏移 偏移 180.00 反向 ▼ 2-3.PRT ▶ 放置 RIGHT 隐藏 TOP FRONT PRT_CSYS_1	（1）"放置"→"新建约束"→分别选择分针上的"FRONT"和组件上的"RIGHT"基准面→"角度偏移"→输入偏移值"180"→分针默认指向 6 点半钟方向； （2）✔ 完成装配； （3）将零件 2－3 分针的基准隐藏
5 装配秒针	自动面面重合约束	2 / 自动 / 1	（1）"组装" → "2－4.prt" → "预览" → "打开"，调入秒针零件； （2）"移动" → "平移" → 选择秒针移动至合适位置； （3）选择面 1、面 2→"放置" → "重合"

任务	步骤	操作结果	操作说明
5 装配秒针	自动轴轴重合约束	点选两轴线	分别选择秒针上的轴线和钟座上的轴线→显示"完全约束",秒针默认指向6点钟与分针重合
	设计过约束调整指向	放置　移动　选项　挠性　属性 □集9(用户定义) 重合 重合 →角度偏移 🔲2-4:RIGHT:F1(基准平面) 🔲ASM_FRONT:F3(基准平面) 新建约束 ☑约束已启用 约束类型 📐角度偏移 ▾ 偏移 90.00 ▾ 反向 ▾ 🗀 2-4.PRT 　▸ 🗀 放置 　　RIGHT 　　TOP 　　FRONT 　　PRT.COYS_DEF	(1)"放置"→"新建约束"→分别选择秒针上的"RIGHT"和组件上的"FRONT"基准面→"角度偏移"→输入偏移值"90"→秒针默认指向12点钟方向; (2)"放置"→"新建约束"→在操控板上选择"固定",显示"完全约束;" (3)✔完成装配; (4)将秒针的基准在模型树中隐藏
6 装配钟罩	自动面面重合约束	面1　面2	(1)"组装" 📷 →"2-5.prt"→"预览"→"打开",调入钟罩零件; (2)"移动"→"平移"→选择钟罩移动至合适位置; (3)选择面1、面2→"放置"→"重合"→"反向"
	自动轴轴重合约束		点选钟罩的轴线A_2→再点选钟座的轴线A_2,显示"完全约束",此时钟座与钟罩本该对接的销钉安装孔错位,需增加过约束进行调整

续上表

任务	步骤	操作结果	操作说明
6 装配钟罩	过约束调整	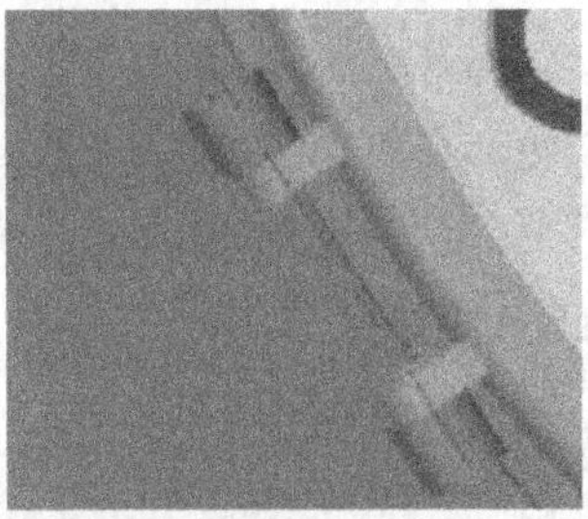	（1）"放置"→"新建约束"→分别选择2个零件上销钉孔的轴线→显示"完全约束"； （2）✔完成装配； （3）将钟罩的基准在模型树中隐藏
7 装配轴销	自动轴轴重合约束	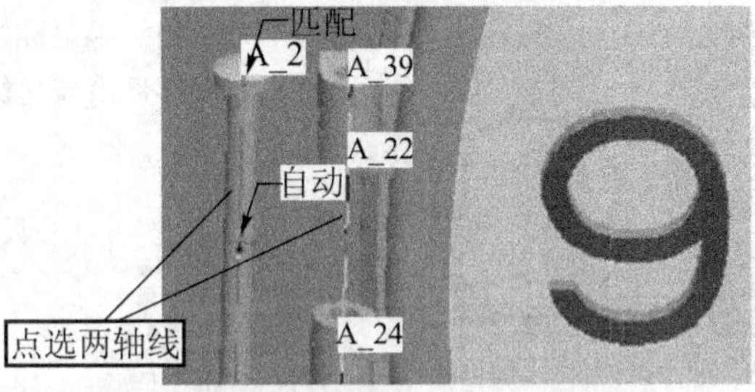	（1）"组装" 🖼→"2-6.prt"销钉→"预览"→"打开"，调入销钉零件； （2）选择钟罩的轴线A_2→再点选钟座的轴线A_2
	自动面面重合约束	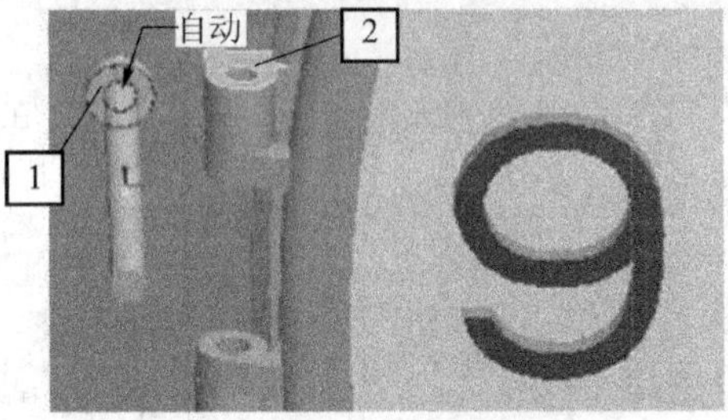 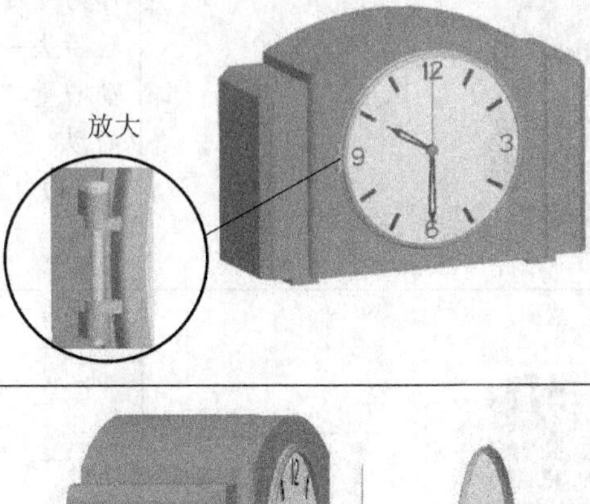	（1）分别选择面1、面2→"放置"→"重合"，显示"完全约束"； （2）✔完成销钉装配； （3）完成钟座全部装配
8 分解操作	自动分解结果	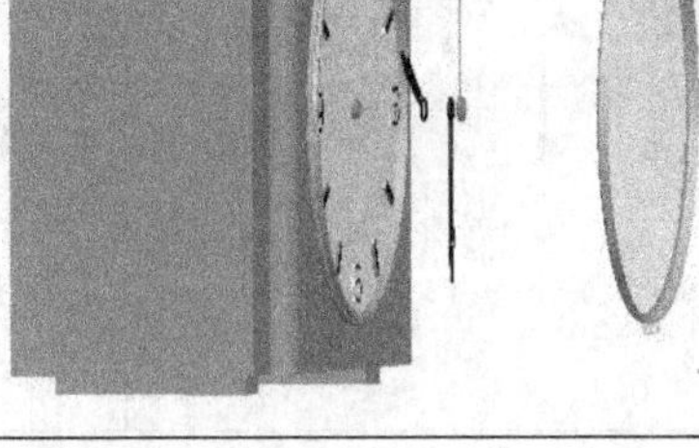	（1）"分解图" 分解图→结果如图； （2）观察自动分解情况，需做如下修整： ①调整三个指针间距； ②调整钟罩装配位置（反向）和铰链位置； ③调整轴销位置

任务	步骤	操作结果	操作说明
9 位置操作	移动指针间距		编辑位置 → "平移" 选择需移动的零件，出现移动坐标→鼠标按住坐标便可以将零件沿着坐标移动
	旋转翻转钟罩		（1）在模型树中取消钟罩零件坐标系的隐藏； （2）编辑位置 → "旋转"→选取钟罩零件作为旋转对象→选取钟罩的 X 坐标作为旋转轴，出现红色双向旋转箭头→"选项"→输入运动增量"180"→用鼠标拖动箭头一次按照增量值转过180°
	旋转移动轴销孔位置		编辑位置 → "旋转"→选取钟罩零件作为旋转对象→选取钟罩的轴线作为旋转轴，出现红色双向箭头→"选项"→输入运动增量值"90"→用鼠标拖动箭头一次按照增量值转过90°

任务	步骤	操作结果	操作说明
10 操作结果	取消视图分解		点击"分解图",取消分解
11 文件存盘	保存设计文件	按保存工具 🖫 完成存盘	如果要改变目录存盘或名称,可点"文件"→"另存为"

案例 10 – 3 算 盘

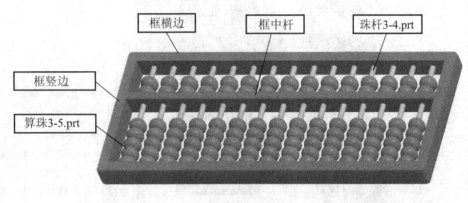

算盘装配示意图

标注:框横边、框中杆、珠杆3-4.prt、框竖边、算珠3-5.prt

教学任务:

完成算盘组件的装配。掌握三个平面定位的装配和镜像、阵列装配法。

操作分析:

(1)算盘的框架是用榫头连接的,榫头和榫孔为矩形体,在无轴线的情况下需用三个约束才能实现完全约束,装配要对三个相互不平行的平面做"匹配"约束,如何选取配合平面可根据榫头连接要求得出。

(2)算珠与珠杆属轴/孔装配,与前面学习的装配方法相同,这里如仍用前法逐个装配,需要花费大量时间,这种重复性的装配,可使用阵列或镜像进行快速装配。

(3)本例装配未按实际装配顺序进行,是因阵列装配后电脑资源被占用多而反应变

得迟缓，为了能在配置较低的电脑上操作，要将阵列装配安排到最后进行，这种顺序的改变并不影响装配操作的学习。

操作步骤：

任务	步骤	操 作 结 果	操 作 说 明
1 新建 文件	新建组 件文件	新建文件名：10 – 3. Asm	新建操作参见前例
2 装配框架横边（首件）	自动面 面重合 约束		（1）📭→调入框架横边零件"3 – 1. prt"； （2）"默认"→✔完成； （3）显示坐标系和基准； （4）在模型树隐藏零件3 – 1的坐标系和基准
3 装配框架竖边2			（1）"组装"📭→"3 – 2. prt"→"预览"→"打开"，调入零件2； （2）分别选择面1、面2→"放置"→"重合"； （3）分别选择面3、面4→"放置"→"重合"； （4）分别选择面5、面6→"放置"→"重合"； （5）显示"完全约束"→✔完成，结果如图所示

续上表

任务	步骤	操作结果	操作说明
	调入中杆零件	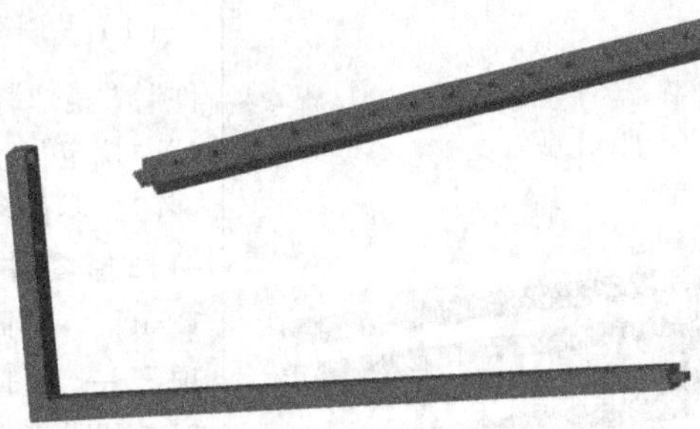	"组装" ⬚ → "3–3. prt" → "预览" → "打开"，调入中杆零件3
4 装配框架中杆	自动面面重合约束	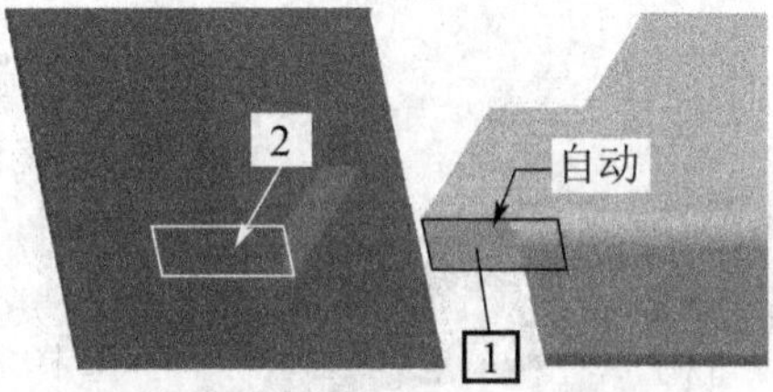 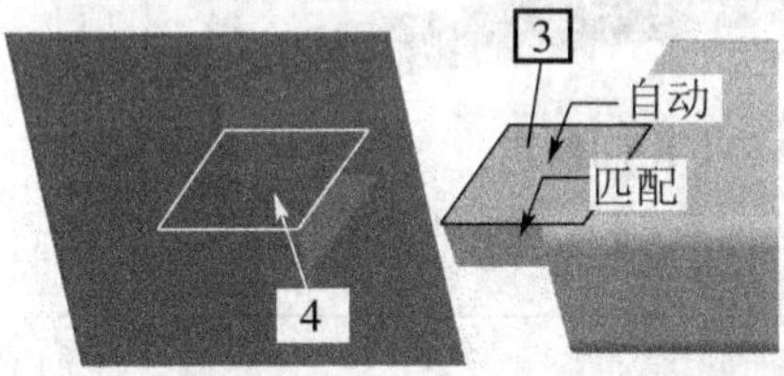 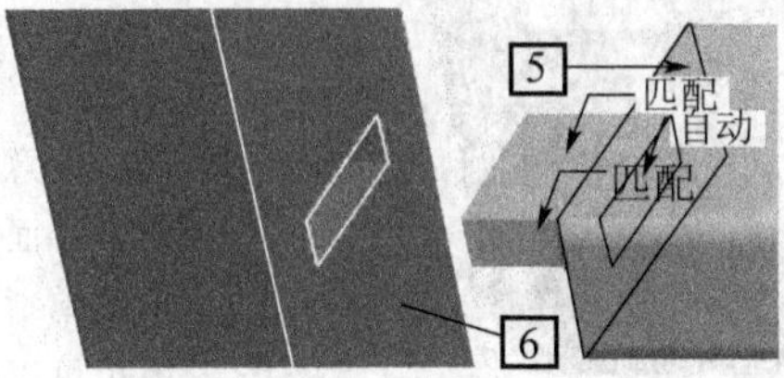 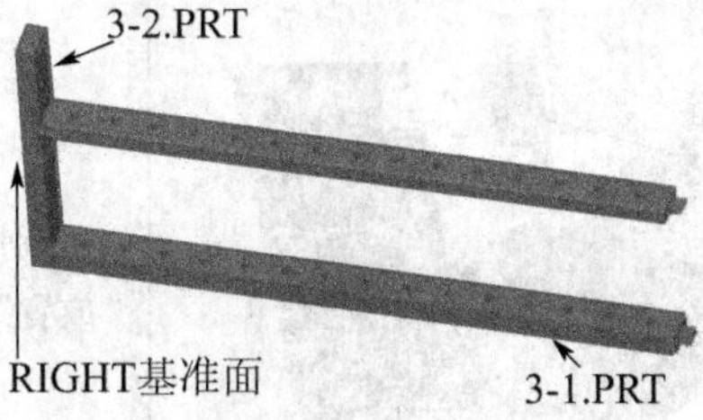	（1）分别选择面1、面2→ "放置" → "重合"； （2）分别选择面3、面4→ "放置" → "重合"； （3）分别选择面5、面6→ "放置" → "重合"； （4）显示 "完全约束" → ✔ 完成中杆装配，结果如图所示

续上表

任务	步骤	操作结果	操作说明
5 装配框架横边2	镜像装配框架横边2		（1）"创建" → "零件""镜像"、命名"3-1-2""确定"； （2）零件参考："选择项"→选择零件1，出现"3-1.prt"→平面参考："选择项"→选择3-2.prt的"RIGHT"基准面→"确定"； （3）✔完成装配如图所示
6 装配框架竖边2	镜像装配框架竖边2	3-2.PRT　　ASM_RIGHT	（1）"创建" → "零件""镜像"命名"3-2-2""确定"； （2）零件参考："选择项"→选择零件2，出现"3-2.prt"→平面参考："选择项"→选择模型树里的"ASM_RIGHT"基准面→"确定"； （3）✔完成装配如图所示
7 装配珠杆	自动面面重合约束	自动 2 1	（1） → "3-4.prt"，调入零件4； （2）分别选择面1、面2→"放置"→"重合"； 注意： 端面2被遮挡，可以从右键菜单"从列表中选择"选取；也可以快速点击右键预选它，再点击左键即可选中此面
	自动轴轴重合约束	A_2 点选两轴线 A_4 A_2	分别选择2个零件的轴线→"放置"→"重合"

续上表

任务	步骤	操作结果	操作说明
7装配珠杆	完成安装		此时操控板上提示：状态:部分约束，按☑完成装配
8装配下算珠（一列）	调入算珠		⬚→"3-5.prt"，调入算珠零件4
	自动面面重合约束		分别选择面1、面2→"放置"→"重合"
	自动轴轴重合约束		分别选择2个零件的轴线→"放置"→"重合"，此时操控板上提示 状态:完全约束
	完成约束安装		（1）按☑完成装配；（2）测量算珠的高度：在上菜单点选"分析"→"测量"→"距离"→点选算珠的上下环形平面边线→查得算珠高:15.6（也可打开零件查看相关尺寸）
	阵列装配		在模型树点选"3-5.PRT"→"阵列"⬚→"方向"阵列→点选珠杆轴线A_2指定方向→在操控板上键入阵列个数为:5→键入增量:15.6→☑完成阵列装配

任务	步骤	操作结果	操作说明
	调入算珠		→ "3-5.prt"，调入算珠零件4
9 装配上算珠（一列）	自动约束点选平面		分别选择面1、面2→"放置"→"重合"
	自动约束点选轴线		分别选择2个零件的轴线→"放置"→"重合"
10 装配上算珠（一列）	完成约束装配		此时操控板上提示状态：完全约束，按☑完成约束装配
	阵列装配		在模型树选择"3-5.prt"算珠 → "阵列" ▦ → "方向"阵列→选择珠杆轴线 A_2 指定方向→在操控板上键入阵列个数为：2 → 键入增量：15.6→☑完成阵列装配
11 装配剩余元件	参照阵列		（1）在模型树上点选 3-4.prt→按住 Ctrl 键点选"阵列1"→按住 Ctrl 键点选"阵列2"→按住右键弹出快捷菜单→点选"组"→在模型树中创建一个"组"，同时阵列图标▦显示可用；

续上表

任务	步骤	操作结果	操作说明
			（2）在右工具栏点选阵列工具 ▦ →在操控板上接受"参照"阵列→按 ☑ 完成全部装配
11装配剩余元件	说明	组件中的装配阵列与零件界面的阵列操作方法相同。 　　本例因算盘框架上的孔是阵列生成的，当安装珠杆时使用了框架孔阵列的"引导"孔轴线时，装配"组"时将自动启用"参照"阵列，使用参照阵列很方便，只要打钩确认即可完成。 　　如果在进行"组"阵列装配时"参照"选项不可用，这是因为安装珠杆时使用的孔轴线不是"引导"孔的轴线，此时可改用"方向"选项阵列，阵列个数为15个，阵列增量为31（此值可使用"分析/测量"操作，测量孔的轴线距离得到）	方向阵列操作： 　　在右工具栏点选 ▦ →在操控板点选"方向"阵列→点选算盘的横边棱线为方向指引线→在操控板上键入阵列个数：15→键入阵列增量（间隔）：31→按 ☑ 完成全部装配
12文件存盘	保存设计文件	按保存工具 💾 完成存盘	如果要改变目录存盘或名称，可点"文件"→"另存为"

案例 **10－4**　三脚凳

教学任务：

　　完成三角凳产品装配。掌握轴阵列装配方法和组件与元件的混合装配。了解一个大型的装配可分成多个部件进行装配，最后再进行总体装配，让学习者找到一种分工协助进行装配的方法。

操作分析：

　　（1）本例操作顺序是：默认装配凳板→装配1只凳脚→阵列3只凳脚→装配1根支撑杆→阵列3根支撑杆。

　　（2）三脚凳每个零件的装配全部使用三个约束来定位。支撑杆装到凳脚上时，若一个个地安装较困难，我们可先将三个撑杆装成一个整体

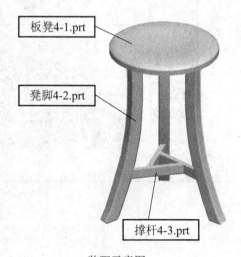

板凳4-1.prt

凳脚4-2.prt

撑杆4-3.prt

装配示意图

（部件），再用这个整体（部件）进行总体装配，操作会容易些。

（3）组件也可以将其视为一个元件进行装配，这样，一个大型的装配任务就可分成多个部件独立完成，最后再进行总装配。学习者可以试一试，详细步骤如下：先以 4 - 1. Asm 命名将三个撑杆组装成一个部件，将其存盘。然后再以 4. Asm 命名完成整个凳子的装配。榫头装配操作只要按装配后的位置来考虑，分别点选榫的三个不平行的平面即可完成。

操作步骤：

任务	步骤	操作结果	操作说明
1 新建 文件		新建文件名：10 - 4. Asm	新建操作参见前例
2 装配 凳板 （首件）			（1）→ 调入凳板零件"4 - 1. prt"； （2）"默认"→ ✔ 完成； （3）显示模型树坐标系和基准； （4）隐藏零件 4 - 1 的坐标和基准
3 装配 凳脚 1	调入 零件		→ 调入凳脚零件"4 - 2. prt"
	面面重 合约束1		（1）"移动"，将凳脚 1 拖移至凳板 1 附近位置，如图所示； （2）选择面 1、面 2 →"放置"→"重合"； （3）显示"完全约束"→ ✔ 完成，结果如图所示

续上表

任务	步骤	操作结果	操作说明
3 装配凳脚1	面面重合约束2		分别选择面3、面4→"放置"→"重合"
	自动约束点选平面		分别选择面5、面6→"放置"→"重合"
	完成安装		状态:完全约束 → 选择 ✔ ,完成装配
4 阵列装配凳脚2、3	轴阵列		(1) 打开基准轴 显示; (2) 在模型树选择4－3.PRT→点选"阵列" □→弹出列操作板→选"轴"; (3) 选择凳板的中心线A_2→在操控板上输入阵列个数:3→输入阵列成员角度120°
	完成阵列装配		(1) 在阵列操控板上按 ✔ 完成阵列装配; (2) 关闭所有的基准显示以使画面清晰

任务	步骤	操作结果	操作说明
5 装配 4-2 零件	调入零件		→调入凳板零件"4-2. prt"
	面面重合约束		（1）使用"移动（平移）"操作将部件拖移至凳脚榫孔附近位置，如图所示； （2）点选榫头平面 1（此面与杆平面共面）→点选榫孔侧平面 2→"重合"； 注意：榫头插入的方向
6 装配 4-1. Asm 部件	面面重合约束		点选榫头平面 4→点选榫孔外侧平面 3（此面被遮挡，需快速点击右键预选它，再点左键即可选中此面）→重合
	相切约束		点选榫头平面 5→点选榫孔外侧平面 6（此面被遮挡，需快速点击右键预选它，再点左键即可选中此面）
	完成装配		此时操控板上提示：状态:完全约束，按 ☑ 完成装配
7 文件存盘	保存设计文件	按保存工具 ☐ 完成存盘	如果要改变目录存盘或名称，可点"文件"→"另存为"

10.5 提高篇

TG10-1 茶几装配（装配文件见封底网址：\ 装配 \ 10-1 茶几 \ 题目）	提 示
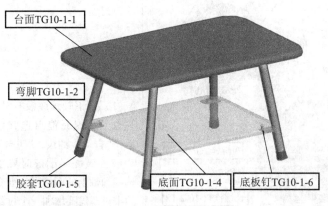正置图 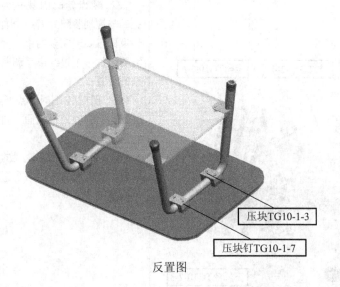反置图	（1）装配首件"茶几面"； （2）弯脚装配较难，将使用下列约束： ①与台底面相切； ②与台档块相切； ③安装底面小平面，与台底面平行； ④脚对称基准面与台的对称基准面重合； ⑤可一个一个零件进行装配，也可使用镜像装配。 参考答案见封底网址：\ 装配 \ 10-1 茶几 \ 答案

TG10-2 轴座装配（装配文件见封底网址：\ 装配 \ 10-2 轴座 \ 题目）	提 示
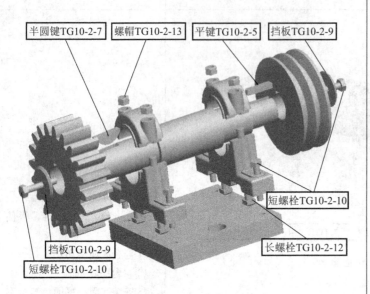半圆键TG10-2-7　螺帽TG10-2-13　平键TG10-2-5　挡板TG10-2-9　短螺栓TG10-2-10　长螺栓TG10-2-12　挡板TG10-2-9　短螺栓TG10-2-10 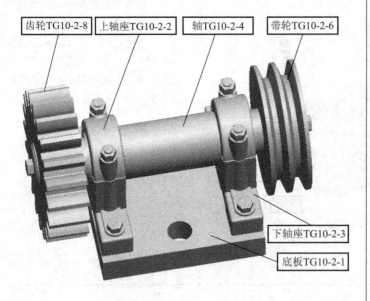齿轮TG10-2-8　上轴座TG10-2-2　轴TG10-2-4　带轮TG10-2-6　下轴座TG10-2-3　底板TG10-2-1	（1）上下轴承座没有轴线，与轴装配时只能点选圆柱表面，"自动"约束，"重合"； （2）装配半圆键时要求点选键和轴上的圆柱形表面自动约束，还需要增加一个过约束来调整键方位； （3）装齿轮时因其孔为锥孔，与锥轴装配只需一个自动约束即可实现完全约束。随后需要增加一个过约束来调整键槽的位置； （4）平键装配时，点选键的圆弧面和轴的圆弧面，自动约束； （5）带轮安装为典型的轴安装，定位后需增如一个过约束调整键槽方向

续上表

TG10 - 3 夹具装配(装配文件见封底网址：\ 装配 \ 10 - 3 夹具 \ 题目)	提 示
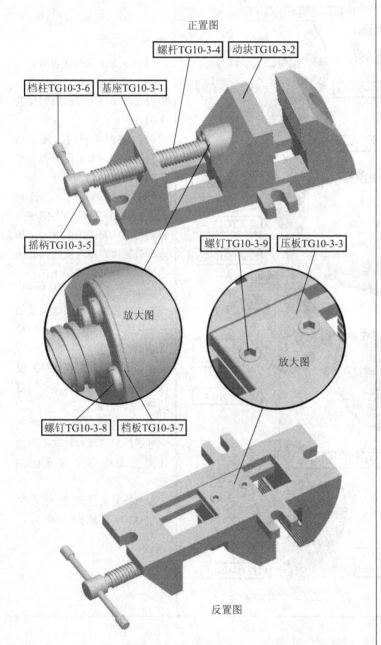 正置图 反置图	（1）选基座为安装件； （2）装配动块属三平面定位装配，图示夹具夹口处相距宽度为50，在装配动块时使用的定位面中应包括夹具夹口平面，并点选偏距选项，在操控板上输入偏距值：50； （3）安装档板螺钉可逐个装配，也可先装一个（不能是中间的那颗），然后用旋转阵列装配； （4）摇柄装配进螺杆孔内时要求两边长度相等，装配平面要使用摇柄上垂直于轴线的对称基准面来装配约束平面

续上表

TG10－4　童车（装配文件见封底网址：\ 装配\ 11－4童车\ 题目）	提　示
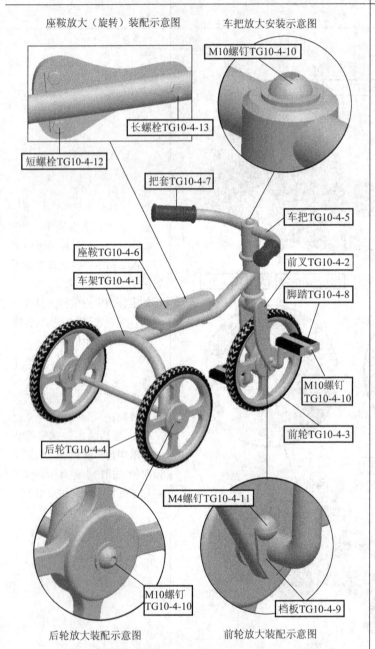座鞍放大（旋转）装配示意图　　车把放大安装示意图 M10螺钉TG10-4-10 长螺栓TG10-4-13 短螺栓TG10-4-12 把套TG10-4-7 车把TG10-4-5 座鞍TG10-4-6 车架TG10-4-1 前叉TG10-4-2 脚踏TG10-4-8 M10螺钉TG10-4-10 前轮TG10-4-3 后轮TG10-4-4 M4螺钉TG10-4-11 M10螺钉TG10-4-10 档板TG10-4-9 后轮放大装配示意图　　前轮放大装配示意图	（1）选车架为装配首件； （2）装配前叉时，完全约束后需增加一个过约束调整前叉的方向； （3）装配车把时，完全约束后需增加一个过约束调整车把的方向； （4）装配档板时，点选档板上的柱面与前轮轴上的柱面自动约束。完全约束后需增加一个过约束，点选安装孔的两条轴线完成过约束操作； （5）装配座鞍长螺栓时，先点选两轴线，再点选螺栓的环形平面和车架的柱面，螺栓以重合和"相切"约束实现完全约束，但此时螺栓位置反向，需调整，增加一个过约束； （6）选用"定向"选项后，点选螺栓端平面和与其平行的任意平面即可完成螺栓的换向。 　　参考答案见封底网址：\ 装配\ SX10－4童车\ 答案

课题 11　机构运动仿真设计

11.1　教学知识点

（1）开启机构仿真界面；

（2）机构仿真常用连接；

（3）创建机构常用指令；

（4）机构添加伺服电动机；

（5）机构运动回放。

11.2　教学目的

通过本课题，学习"装配"模块中的"机构"仿真基本操作，学习常用机构仿真模型的创建，并让仿真模型运动起来（暂不对机构进行运动分析）。

11.3　教学内容

11.3.1　基本操作步骤

（1）进入机构仿真界面：

进入组件界面：🗋→弹出新建窗口→装配（接受子类型：设计）→在名称栏命名：（可接受缺省名）→去除"使用缺省模板"前的√→确定→弹出新文件选项窗口→点选mmns_asm_design→确定；

进入机构界面：在上菜单点选：应用程序→机构→进入机构仿真界面。

（2）点击 组装，选取相应零件，进入组装界面使用到的连接操作。

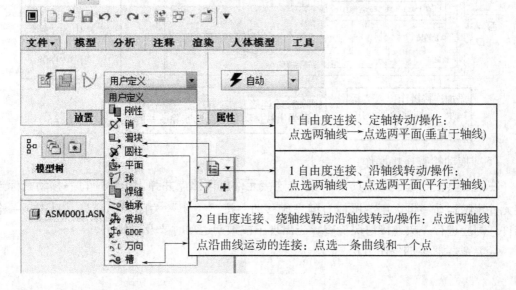

（3）机构界面使用到的工具操作（注：伺服电动机定义、分析定义、回放动画操作是固定不变的操作）。

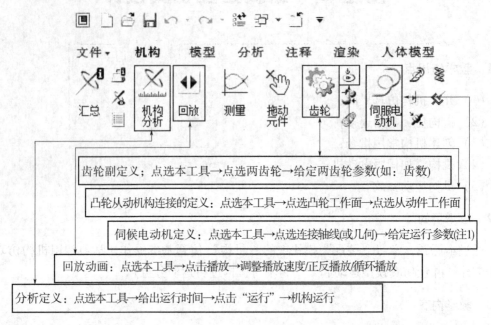

注：定义伺服电动机即给机构模型加上一个电动机，让机构运行起来，其运行参数主要是模的类型，通常选常数；转数由 A 值确定，本课题取 $50 \sim 200$。

（4）"放置"上滑板操作：

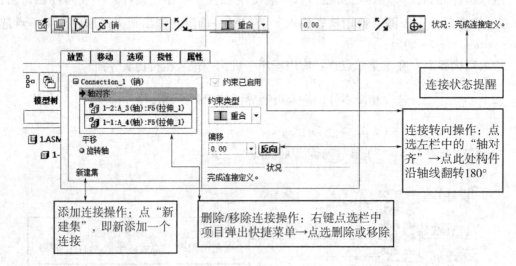

（5）拖动检查连接操作：

在上工具栏点选手形工具 → 点选连接元件出现黑点并弹出拖动窗口 → 移动鼠标连接元件跟随运动 → 再次点击鼠标右键完成移动 → 按"关闭"关闭弹出窗口。每连接一个构件，都应进行一次连接情况检查，当出现不按预期运动时要及时修正。

（6）参考答案的使用方法：

案例参照答案文件保存在封底网址中课题11机构运动仿真\答案文件夹中，打开光盘文件"×××.asm"→点击"应用程序"→"机构"→打开机构操作窗口→点击"机构分析"工具→点"运行"工具进行演示。

11.3.2 操作要领与技巧

（1）在组件界面进行"连接"装配（注：连接装配有运动自由度，约束装配无运动自由度）。

装配机架操作：使用"缺省"约束（与约束装配首件操作完全相同）；

连接活动构件操作：在操控板选定连接类型→点选指定的点、线、面几何对象（连接操作与约束装配操作方法相同）。

（2）需要时在机构界面进行再次连接（齿轮或凸轮），增加其他相关工作条件。

（3）为机构增加电动机（伺服电动机不考虑功率、力等负荷因素，只是添加运动）。

（4）点击"机构分析"→点击"运行"，使机构运转起来。

（5）由于组件与装配零件相关联，组件文件必须与装配零件的模型文件保存在同一目录下，否则无法打开组件文件。

11.4 基础篇

案例11-1 四连杆机构运动仿真

学习任务：

完成四连杆机构的仿真设计，掌握销钉连接和圆柱连接的应用，并熟悉运动仿真模型建立的过程。

操作分析：

在装配界面进行连接，本四杆机构共有4个绞链，其中三个使用"销钉"连接，最后一个需在放置上滑板中点选"新设置"，添加一个"圆柱"连接。

在机构界面为机构添加一个伺服电动机，选杆2为原动件，点选杆1与杆2连接轴为电机驱轴，再按"机构分析"工具，在打开窗口中按"运行"即可进行演示。

四连杆机构仿真模型（1杆为机架）

需要时可按"运动回放"进行动作回放，在其中可调整运动的快慢、正反播放、循环播放。

（1）"销钉"连接操作方法：

在操控板点选 用户定义 展开连接列表栏→"销钉"→在绘图点选两轴线→点选两连接平面→操控板上的状态提示"完全连接定义"，点击 ✔ 完成连接。

（2）"圆柱"连接操作方法与上操作过程相同，圆柱操作只需选取一对轴线即可。

注意：杆件连接请按上图序号顺序，有字标识在同一方向，装配过程用"连接检查

"操作"验证连接正确，杆与杆之间不要出现相互干涉。

操作步骤：

任务	步骤	操 作 结 果	操作说明
1 操作准备	拷贝文件	将封底网址中课题 11 机构运动仿真 \ 1 四杆机构 \ 1 题目文件夹拷贝到"我的文档"	如果"我的文档"不是缺省工作目录，则设置拷贝文件夹为工作目录
2 新建文件		新建文件名：1. asm	新建文件操作参见基本操作步骤
3 装配机架	调用指令缺省约束		（1）点选右工具栏工具 →弹出"打开"窗口→点选工作目录中的 1 – 1. prt→预览→打开→在绘图区调入机架（杆 1）模型； （2）单击操控板中的 →展开约束列表→点选 默认 →点击 ✔ 完成装配
4 连接杆 2	调用指令	点选右工具栏工具 →弹出"打开"窗口→点选工作目录中的 1 – 2. prt→预览→打开→杆 2 调入绘图区中	点击 打开基准线显示，关闭其他基准显示，以使画面清晰
	销钉连接点选两线		（1）单击操控板中的 用户定义 展开连接列表→点 销钉 连接； （2）点选杆 2 上的轴线 A_3 →点选杆 1 上的轴线 A_4

任务	步骤	操 作 结 果	操 作 说 明
4 连接杆2	销钉连接点选两面	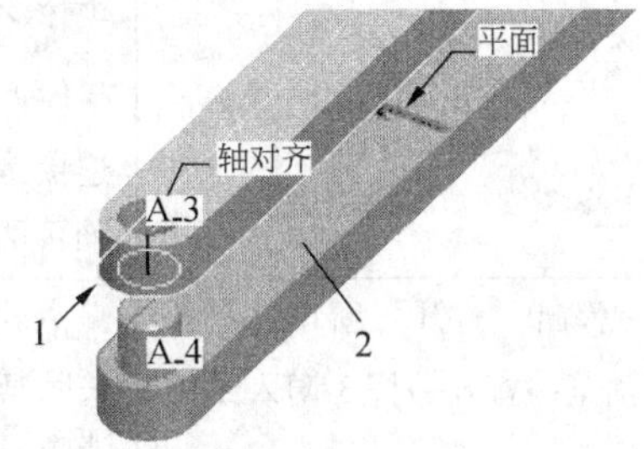	（1）单击右键，左键点选弹出快捷菜单的"移动元件"，将杆2拖移至杆1的上方，单击右键，左键点选弹出快捷菜单的"两个收集器"； （2）点选杆2底平面1（此面被遮挡，需快速点击右键预选它，再点左键即可选中此面）→点选杆1上平面2→操控板上的状态提示"完全连接定义"
	操作结果	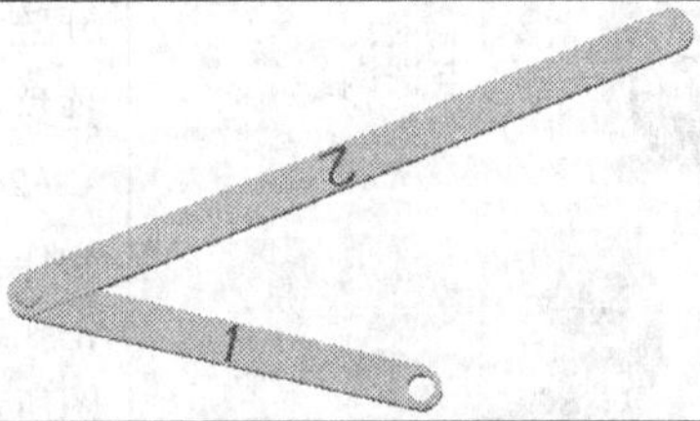	（1）点击 ✔ 完成连接，点击 🔛 关闭基准线显示； （2）点选 ✋ 工具拖动检查连接是否正确，杆2能否绕销轴转动
5 连接杆4	调用指令	点选右工具栏工具 🗁 →弹出"打开"窗口→点选工作目录中的1-4.prt→预览→打开→杆4调入绘图区	点击 🔛 打开基准线显示，关闭其他基准显示，以使画面清晰
	销钉连接点选两线	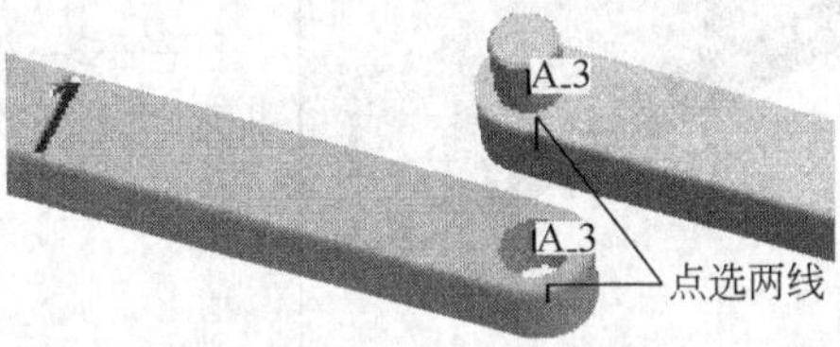	（1）单击操控板中的 ▼ 展开连接列表→点选 ⚙ 销钉 连接； （2）使用"移动（平移）"操作将杆4销柱端拖移至杆1销孔端附近，旋转图形方位如图所示； （3）点选杆4轴线A_3→点选杆1轴线A_3
	销钉连接点选两面	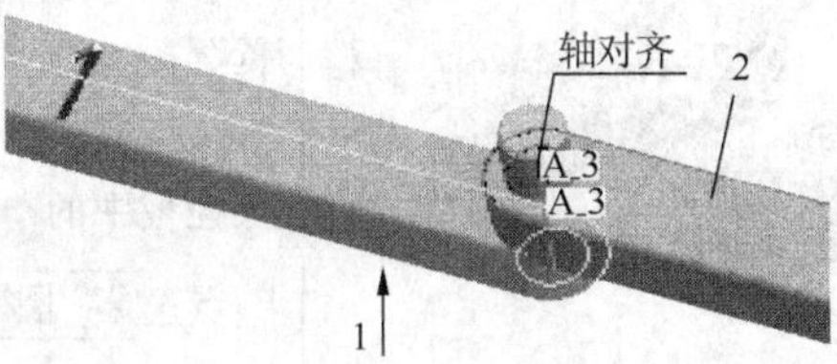	点选杆4上平面2→点选杆1下平面1（此面被遮挡，需快速点击右键预选它，再点左键即可选中此面）→操控板上的状态提示"完全连接定义"（需翻转装配位置）→单击操控板中的"放置"→点选滑板中的"轴对齐"→点击"反向"→杆4改变装配方向→单击"放置"关闭滑板

任务	步骤	操 作 结 果	操作说明
5 连接杆 4	操作结果		（1）点击 ✔ 完成连接，点击 ⚋ 关闭基准线显示； （2）点选 🖑 工具拖动检查连接是否正确，杆4能否绕销轴转动
6 连接杆 3	调用指令	点选右工具栏工具 📐 →弹出"打开"窗口→点选工作目录中的 1 – 3. prt→预览→打开→杆3调入绘图区中	点击 ⚋ 打开基准线显示，关闭其他基准显示，以使画面清晰
	销钉连接点选两线		（1）单击操控板中的 ▼ 展开连接列表→点选 ⚹ 销钉连接； （2）使用"移动（平移）"操作将杆3销柱端拖移至杆4销孔端附近，旋转图形方位如图所示； （3）点选杆3轴线 A_3→点选杆4轴线 A_4
	销钉连接点选两面		点选杆3上平面1→点选杆4上平面2→操控板上的状态提示"完全连接定义"
	添加圆柱连接		（1）虽已完全连接定义，但杆2和杆3还未连接，需添加一个"圆柱"连接； （2）单击操控板中的"放置"→点选"新建集"→再点"放置"关闭滑板→单击操控板中的 ▼ 展开连接列表→点选 ⚹ 圆柱连接→点选杆3轴线→点选杆2轴线→完成杆3所有连接

续上表

任务	步骤	操 作 结 果	操作说明
6 连接杆3	操作结果	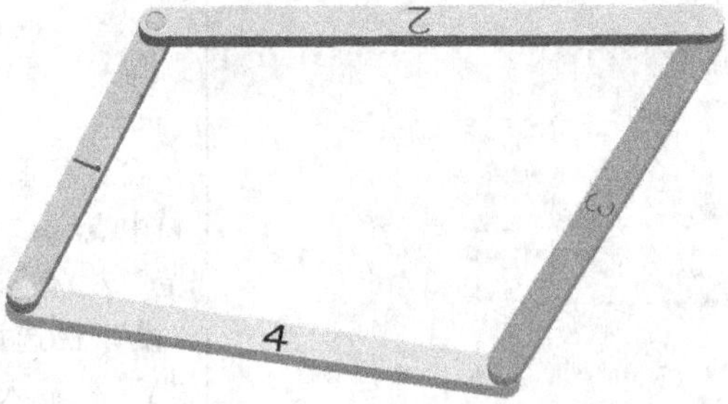	（1）点击 ✔ 完成连接，点击 🔌 关闭基准线显示； （2）点击 🖐 工具拖动检查连接是否正确，杆2、杆3、杆4都能同步运动
7 进入机构界面	调用指令	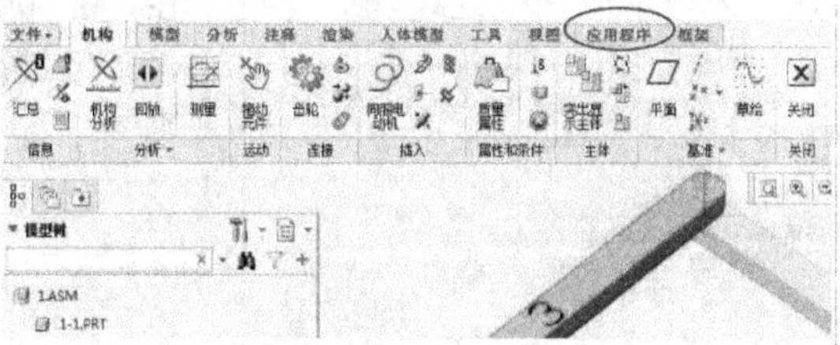	点选主菜单栏"应用程序"→"机构"→打开机构操作界面→可观察到连接轴显示的箭头
8 定义伺服电动机	调用指令		点选工具栏工具 🔧 →弹出"伺服电动机定义"窗口如图所示
	点选驱动轴	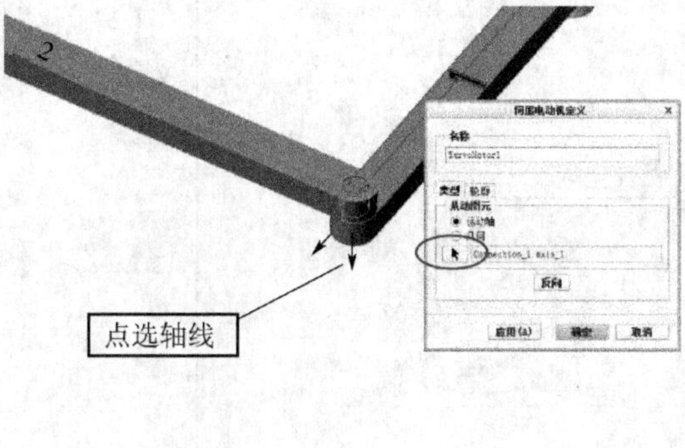 点选轴线	在弹出窗口中点选 ▶ →在绘图区点选杆2与杆1的连接轴→出现箭头表示电动机定义成功→在"伺服电动机定义"窗口中的收集器出现如下信息：▶ Connection_1.axis_1

续上表

任务	步骤	操 作 结 果	操作说明
8 定义伺服电动机	设置电动机参数	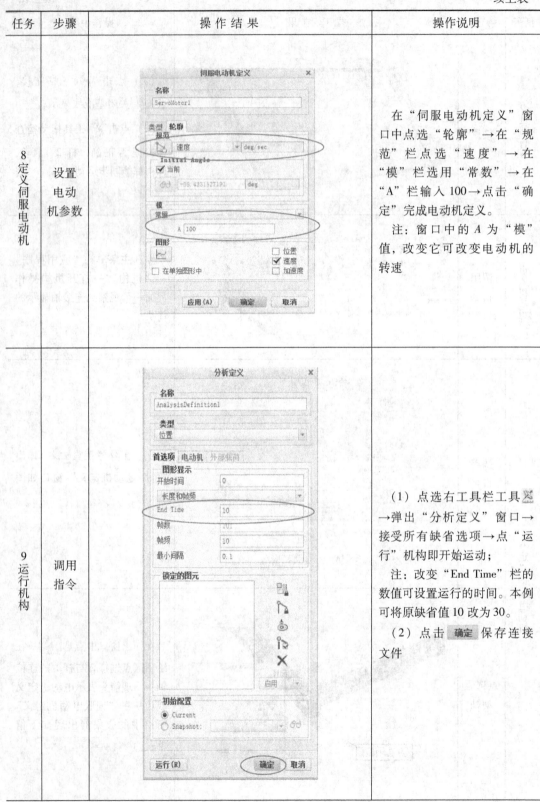	在"伺服电动机定义"窗口中点选"轮廓"→在"规范"栏点选"速度"→在"模"栏选用"常数"→在"A"栏输入 100→点击"确定"完成电动机定义。 注：窗口中的 A 为"模"值，改变它可改变电动机的转速
9 运行机构	调用指令		（1）点选右工具栏工具 →弹出"分析定义"窗口→接受所有缺省选项→点"运行"机构即开始运动； 注：改变"End Time"栏的数值可设置运行的时间。本例可将原缺省值 10 改为 30。 （2）点击 确定 保存连接文件

续上表

任务	步骤	操 作 结 果	操作说明
10 仿真重放	调用指令+重放操作	回放窗口（结果集 AnalysisDefinition1、碰撞检测设置、影片进度表 显示箭头、显示时间、默认进度表、关闭）动画窗口（帧 0—0—100，播放控制按钮，速度，捕获，关闭）	（1）点选右工具栏工具 ◀▶ →弹出"回放"窗口→点击窗口的 ◀▶ →弹出"动画"窗口→点击 ▶ 开始播放； （2）窗口中的各按钮功能与一般录像播放设备相同，请读者在实际操作中了解其功能； （3）点击 💾 可将运动保存为一个独立文件，当点击 📂 时可将保存的运动加回到机构中
11 文件存盘	保存文件	单击保存工具 💾 完成存盘	如果要改变目录存盘或名称，可点"文件"→"另存为"

案例 11–2　凸轮机构仿真

学习任务：

　　完成凸轮机构运动仿真设计，学习应用"滑动杆"连接装配元件，学习定义弹簧操作和应用凸轮定义工具连接凸轮机构，创建凸轮机构仿真模型，复习销钉连接和运动仿真操作。

操作分析：

　　凸轮机构中的连接确定如下：

　　（1）凸轮的运动是旋转，它与机架用"销钉"连接。

　　（2）从动杆的运动是上下直线运动，它与机架用"滑动杆"连接。

　　（3）滚子与凸轮的轮廓线接触，既与从动杆一起上下直线运动，同时又转动，它与从动杆用"销钉"连接，与凸轮用"凸轮"连接。

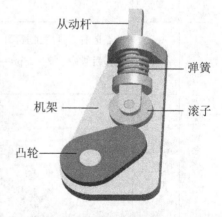

凸轮机构仿真模型

（4）弹簧用于生成保持从动杆上的滚子与凸轮接触的锁合力，通过两点来确定其位置。

操作步骤：

任务	步骤	操 作 结 果	操作说明
1 操作 准备	拷贝 文件	将封底网址中课题 11 机构运动仿真 \ 2 凸轮机构 \ 2 题目文件夹拷贝到"我的文档"	如果"我的文档"不是缺省工作目录，请设置拷贝文件夹为工作目录
2 新建 文件		新建文件名：2. asm	新建文件操作参见前例
3 装配 机架	调用指令缺省约束		（1）点击右工具栏工具 →弹出"打开"窗口→点选工作目录中的 2 – 1. prt→预览→打开→在绘图区调入机架模型； （2）点击操控板中的 自动 展开约束列表点选 默认 →操控板上的状态显示"完全约束"→点击 完成装配
4 凸轮 连接	调用 指令	点选右工具栏工具 →弹出"打开"窗口→点选工作目录中的 2 – 2. prt→预览→打开→将凸轮调入绘图区中	点击 打开基准轴显示，关闭其他基准显示，以使画面清晰
	销钉连接点选两线	点选两线 A.8　A.2	（1）点击操控板中的 用户定义 展开连接列表→点选 销钉 连接； （2）点选凸轮孔轴线 A_2→点选机架安装轴的轴线 A_8

任务	步骤	操 作 结 果	操 作 说 明
4 凸轮连接	销钉连接点选两面		（1）使用"移动（平移）"操作将凸轮拖移至机架的上方； （2）点选凸轮下平面1（此面被遮挡，需先点击右键预选它，再点左键即可选中此面）→点选机架上环形平面2→操控板上的状态提示"完全连接定义"
	操作结果		（1）点击 ✔ 完成连接，点击 🔏关闭基准线显示； （2）点击 🖑工具，拖动检查凸轮连接是否正确，凸轮能否转动
5 从动杆连接	调用指令	点选右工具栏工具 🗁→弹出"打开"窗口→点选工作目录中的2-3.prt→预览→打开→将从动杆调入绘图区中	点击 🔏打开基准轴显示，关闭其他基准显示，以使画面清晰
	滑动杆连接点选两线		（1）点击操控板上的 用户定义 ▾ 展开连接列表→点选 🖳 滑块 连接； （2）点选从动杆轴线A_6→点选机架安装孔轴线A_11
	滑动杆连接点选两面		点选从动杆的上平面1→点选机架方孔的内侧平面2→操控板上的状态提示"完全连接定义"
	操作结果		（1）点击 ✔ 完成连接，点击 🔏关闭基准线显示； （2）点选 🖑工具拖动检查连接是否正确，从动杆能否做往复直线运动，将从动杆拖移离开凸轮

任务	步骤	操作结果	操作说明
6 滚子连接	调用指令	点选右工具栏工具 🔩→弹出"打开"窗口→点选工作目录中的 2 - 4. prt→预览→打开→将滚子调入绘图区中	点击 ✏ 打开基准轴显示，关闭其他基准显示，以使画面清晰
	销钉连接点选两线	点选两线 A_6 A_3	（1）使用"移动（平移）"操作将滚子拖移至从动杆安装孔附近； （2）单击操控板中的 用户定义 ▾ 展开连接列表→点选 🔩 销钉 连接； （3）点选滚子轴线→点选从动杆安装孔轴线
	销钉连接点选两面	平移 轴对齐 1 2	（1）使用"移动（平移）"操作将滚子拖移至从动杆上方，点击 🔩 关闭基准线显示； （2）点选滚子上平面1→点选从动杆平面2（此面被遮挡，需快速点击右键预选它，再点左键即可选中此面）→操控板上的状态提示"完全连接定义"
	操作结果		（1）点击 ✔ 完成连接，点击 🔩 关闭基准线显示； （2）点选 🖐 工具拖动检查连接是否正确，滚子能否转动
7 进入机构界面	调用指令		点选主菜单的"应用程序"→"机构"→打开机构操作界面，此时可以观察到连接轴显示的箭头

续上表

任务	步骤	操 作 结 果	操 作 说 明
8 凸轮定义	调用 指令	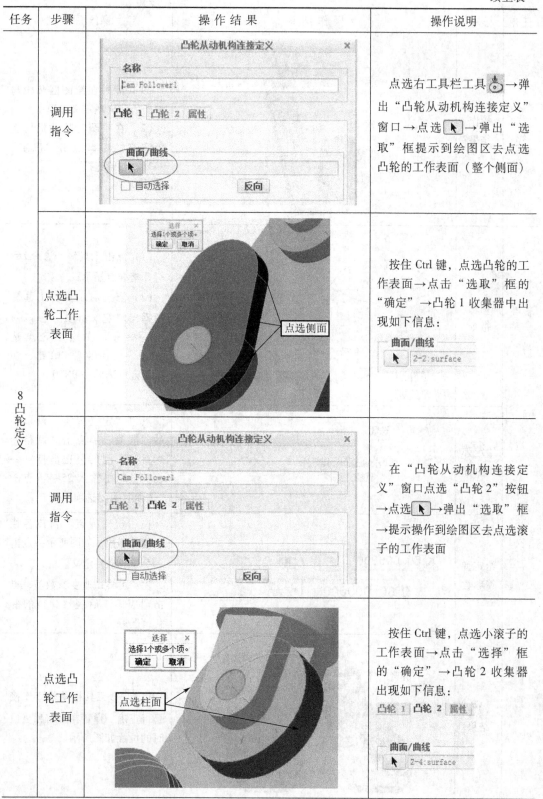	点选右工具栏工具 🔧→弹出"凸轮从动机构连接定义"窗口→点选 ▲ →弹出"选取"框提示到绘图区去点选凸轮的工作表面（整个侧面）
	点选凸轮工作表面		按住 Ctrl 键，点选凸轮的工作表面→点击"选取"框的"确定"→凸轮 1 收集器中出现如下信息： **曲面/曲线** ▲ 2-2:surface
	调用 指令		在"凸轮从动机构连接定义"窗口点选"凸轮 2"按钮→点选 ▲ →弹出"选取"框→提示操作到绘图区去点选滚子的工作表面
	点选凸轮工作表面		按住 Ctrl 键，点选小滚子的工作表面→点击"选择"框的"确定"→凸轮 2 收集器出现如下信息： 凸轮 1 凸轮 2 属性 **曲面/曲线** ▲ 2-4:surface

任务	步骤	操 作 结 果	操 作 说 明
8 凸轮定义	操作结果		（1）此时在绘图区凸轮与滚子之间出现定义标识； （2）在"凸轮从动机构连接定义"窗口点击"确定"→完成凸轮连接
9 弹簧定义	调用指令		（1）点击工具 ☑ ✕✕ 点显示打开基准点显示； （2）点选右工具栏工具 ≋ →弹出"定义弹簧"窗口→点"参考"在绘图区点选 PNT0→按住键盘 Ctrl 键，在绘图区点选另一 PNT0
	给定弹簧直径	参考 **选项** 属性 ☑ 调整图标直径 直径 25 ▼ mm ▼	点击"定义弹簧"窗口中的"选项"→点击"调整图标直径"前的复选框打√→在直径栏中输入 25→再点击"选项"关闭选项窗口
	给定弹簧参数	K 50.000000 ▼ N / mm U 60.000000 ▼ mm	在"定义弹簧"窗口各栏中输入参数，如图所示→点击 ✓ 完成弹簧定义。 注：可尝试改变参数值，点击"应用"后观察弹簧的变化情况
	操作结果	弹簧压缩　　　　　弹簧复位	点选 ✍ 工具拖动检查连接是否正确，弹簧在压缩和复位时的位置如图所示

任务	步骤	操作结果	操作说明
10 定义伺服电动机	调用指令	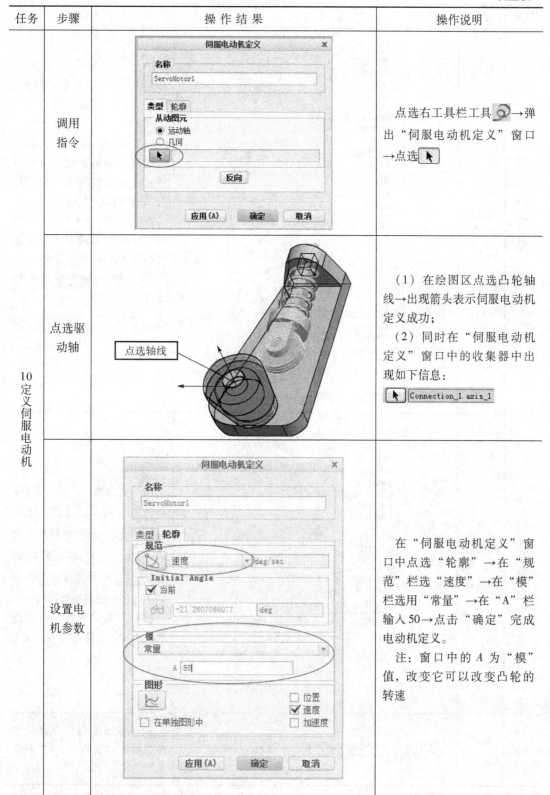	点选右工具栏工具 🔍→弹出"伺服电动机定义"窗口→点选 🔦
	点选驱动轴		（1）在绘图区点选凸轮轴线→出现箭头表示伺服电动机定义成功； （2）同时在"伺服电动机定义"窗口中的收集器中出现如下信息： 🔦 Connection_1.axis_1
	设置电机参数		在"伺服电动机定义"窗口中点选"轮廓"→在"规范"栏选"速度"→在"模"栏选用"常量"→在"A"栏输入50→点击"确定"完成电动机定义。 注：窗口中的 A 为"模"值，改变它可以改变凸轮的转速

续上表

任务	步骤	操作结果	操作说明
11 运行机构	调用指令	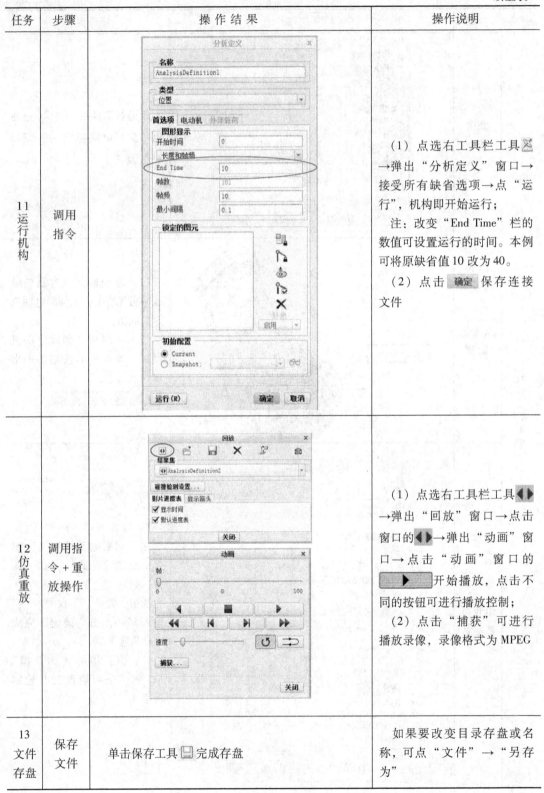	（1）点选右工具栏工具 →弹出"分析定义"窗口→ 接受所有缺省选项→点"运行"，机构即开始运行； 注：改变"End Time"栏的数值可设置运行的时间。本例可将原缺省值 10 改为 40。 （2）点击 确定 保存连接文件
12 仿真重放	调用指令＋重放操作		（1）点选右工具栏工具◀▶ →弹出"回放"窗口→点击窗口的◀▶→弹出"动画"窗口→点击"动画"窗口的 ▶ 开始播放，点击不同的按钮可进行播放控制； （2）点击"捕获"可进行播放录像，录像格式为 MPEG
13 文件存盘	保存文件	单击保存工具 完成存盘	如果要改变目录存盘或名称，可点"文件"→"另存为"

案例 11-3 齿轮传动仿真

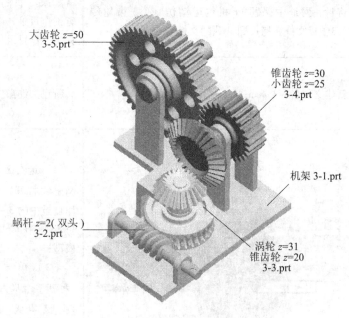

大齿轮 $z=50$
3-5.prt

锥齿轮 $z=30$
小齿轮 $z=25$
3-4.prt

机架 3-1.prt

蜗杆 $z=2$(双头)
3-2.prt

涡轮 $z=31$
锥齿轮 $z=20$
3-3.prt

齿轮传动仿真模型

学习任务:

完成齿轮机构运动仿真设计,学习应用齿轮副定义工具连接齿轮,创建齿轮传动仿真模型,复习销钉连接和运动仿真操作。

操作分析:

本实训包括蜗杆/涡轮传动、锥齿轮传动、直齿圆柱齿轮传动的连接定义。

(1)在组件界面,将各齿轮轴以"销钉"进行连接。

(2)在机构界面,针对每对齿轮进行"齿轮"连接。

说明:齿轮连接并非靠齿廓间的接触传递运动,而是根据每个齿轮的传动比来确定传动关系,仿真运动要求给出齿轮的转数关系(节圆或齿数),同时注意调整齿轮的转向。

操作步骤：

任务	步骤	操 作 结 果	操 作 说 明
1 操作 准备	拷贝 文件	将封底网址中课题 11 机构运动仿真 \ 3 齿轮传动 \ 3题目文件夹拷贝到 "我的文档" 中	如果 "我的文档" 不是缺省工作目录，则设置拷贝文件夹为工作目录
2 新建 文件		新建文件名：3. asm	新建文件操作参见前例
3 装配 机架	调用指令缺省约束	 	（1）选右工具栏工具 →弹出 "打开" 窗口→点选工作目录中的 3 – 1. prt→预览→打开→在绘图区调入机架模型； （2）单击操控板中的 自动 展开约束列表→点选 默认→点击 ✔ 完成装配
4 蜗杆 连接	调用 指令	点选右工具栏工具 →弹出 "打开" 窗口→点选工作目录中的 3 – 2. prt→预览→打开→将蜗杆调入绘图区中	点击 打开基准轴显示，关闭其他基准显示，以使画面清晰
	销钉连接点选两线	 点选两轴线	（1）使用 "移动（平移）" 操作将蜗杆拖移至机架安装孔附近； （2）单击操控板中的 用户定义 展开连接定义列表→点选 销钉连接； （3）点选蜗杆轴线→点选机架安装孔轴线

任务	步骤	操 作 结 果	操 作 说 明
4 蜗杆连接	销钉连接点选两面		（1）使用"移动（平移）"操作将蜗杆拖移至机架安装孔附近； （2）点选蜗杆端面1→点选机架平面2（需翻转装配位置）→单击操控板中的"放置"→点选滑板中的"轴对齐"→点击"反向"→蜗杆改变装配方向→单击"放置"关闭滑板
	操作结果		（1）操控板上的状态提示"完全连接定义"，点击 ✔ 完成连接，点击 🗔 关闭基准轴显示； （2）点选 ✋ 工具拖动检查连接是否正确，蜗杆能否绕其轴转动
5 涡轮与锥齿轮轴的连接	调用指令	点选右工具栏工具 📲 →弹出"打开"窗口→点选工作目录中的3 – 3. prt→预览→打开→将涡轮/锥齿轮轴调入绘图区中	点击 🗔 打开基准轴显示，关闭其他基准显示，以使画面清晰
	销钉连接点选两线		（1）使用"移动（平移）"操作将调入构件拖移至机架安装孔附近； （2）单击操控板中的 用户定义 ▾ 展开连接定义列表→点选 ✗ 销钉 连接； （3）点选调入构件轴线→点选机架安装孔轴线

任务	步骤	操作结果	操作说明
5 涡轮与锥齿轮轴的连接	销钉连接点选两面	重合 1 2 3-1:曲面:F6(拉伸_2)	点选调入构件环形平面 1→点选机架环形平面 2（需翻转装配位置）→单击操控板中的"放置"→点选滑板中的"轴对齐"→点击"反向"→调入构件改变装配方向→单击"放置"关闭滑板
	操作结果		（1）操控板上的状态提示"完全连接定义"，点击 ✔ 完成连接，点击 🖾 关闭基准轴显示； （2）点选 🖑 工具拖动检查连接是否正确，涡轮/锥齿轮轴能否绕其轴转动
	啮合对齐		翻转图形到利于观察轮齿啮合情况位置，用 🖑 旋动涡轮，使轮齿处于正常啮合位置。 说明：当用仿真检查齿轮干涉情况时需做严格啮合对齐。本例只是做仿真运动，对齐只需简单操作即可
6 锥齿轮与小齿轮轴的连接	调用指令	点选右工具栏工具 🖾→弹出"打开"窗口→点选工作目录中的 3‑4. prt→预览→打开→将锥齿轮/小齿轮轴调入绘图区中	点击 🖾 打开基准轴显示，关闭其他基准显示，以使画面清晰

任务	步骤	操 作 结 果	操 作 说 明
6 锥齿轮与小齿轮轴的连接	销钉连接点选两线	点选两轴线	（1）使用"移动（平移）"操作将调入构件拖移至机架安装孔附近； （2）单击操控板中的▼展开连接列表→点选 ⚹ 销钉 连接； （3）点选调入构件轴线→点选机架安装孔轴线
	销钉连接点选两面	轴对齐　平移　1　2	（1）使用"移动（平移）"操作将锥齿轮/小齿轮轴拖移至机架上方； （2）点选锥齿轮/小齿轮轴环形平面1→点选机架平面2（此面被遮挡，需快速点击右键预选它，再点左键即可选中此面）
	操作结果		（1）操控板上的状态提示"完全连接定义"，点击 ✔ 完成连接，点击 ⚐关闭基准轴显示； （2）点选 🖐工具拖动检查连接是否正确，锥齿轮/小齿轮轴能否绕其轴转动
	啮合对齐		翻转图形到利于观察轮齿啮合情况位置，用 🖐旋动大锥齿轮，使轮齿处于正常啮合位置

任务	步骤	操 作 结 果	操作说明
	调用指令	点选右工具栏工具 ⬚→弹出"打开"窗口→点选工作目录中的 3 – 5. prt→预览→打开→将齿轮轴调入绘图区中	点击 ⬚ 打开基准轴显示，关闭其他基准显示，以使画面清晰
	销钉连接点选两线	![点选两轴线]	（1）使用"移动（平移）"操作将调入构件拖移至机架安装孔附近； （2）单击操控板中的 ▼ 展开连接列表→点选 销钉 连接； （3）点选齿轮轴的轴线→点选机架安装孔轴线
7 大齿轮连接	销钉连接点选两面	![]	点选齿轮轴环形平面1→点选机架平面2（装配位置需翻转）→单击操控板中的"放置"→点选滑板中的"轴对齐"→点击"反向"→齿轮轴改变装配方向→单击"放置"关闭滑板→操控板上的状态提示"完全连接定义"
	操作结果	![]	（1）点击 ✔ 完成连接，点击 ⬚关闭基准轴显示； （2）点选 ⬚工具拖动检查连接是否正确，齿轮轴能否绕其轴转动
	啮合对齐	![]	翻转放大图形到利于观察轮齿啮合情况位置，用 ⬚旋动大齿轮，使轮齿处于正常啮合位置

续上表

任务	步骤	操 作 结 果	操 作 说 明
8 进入机构界面	调用指令		点选主菜单的"应用程序"→"机构"→打开机构操作界面，此时可观察到连接轴显示的箭头
9 蜗杆涡轮副定义	调用指令		点选右工具栏工具🔩→弹出"齿轮副定义"窗口→点选"齿轮1"→点击⬆→弹出"选取"框→提示到绘图区选取齿轮1的连接轴→在绘图区点选蜗杆连接轴
	点选连接轴线		点选"齿轮2"→点击⬆→弹出"选取"框→提示到绘图区选取齿轮2的连接轴→在绘图区点选蜗轮的连接轴
	给定齿数		（1）点选"属性"按钮→点击"齿轮比"的▼展开列表→点选"用户定义的"→在 D1 输入框输入蜗杆齿数（头数）2→在 D2 输入框输入蜗轮齿数 31→点击"确定"完成齿数定义； （2）图形中出现齿轮图案和箭头（表示轴的转动方向）

续上表

任务	步骤	操 作 结 果	操 作 说 明
10锥齿轮副定义	调用指令＋点选连接轴线＋给定齿数		（1）锥齿轮副定义与涡轮蜗杆副定义步骤相同，具体操作请参照前面步骤，定义"齿轮1"和"齿轮2"的操作顺序：先点选小锥齿轮轴的连接轴线→再点选大锥齿轮轴的连接轴线→在D1、D2输入框中输入20、30→点击"确定"。 （2）操作完成后显示如图所示
11直齿圆柱齿轮副定义	调用指令＋点选连接轴线＋给定齿数		（1）直齿圆柱齿轮的副定义与涡轮蜗杆的副定义步骤相同，具体操作请参照前面步骤。 定义"齿轮1"和"齿轮2"的顺序是：先点选小齿轮轴的连接轴线→再点选大齿轮的连接轴线→在D1、D2输入框中输入25、50→点击"确定"。 （2）操作完成后显示如图所示
12定义伺服电动机	调用指令＋点选连接轴线		点选右工具栏工具 →弹出"伺服电动机定义"窗口→点选 →在绘图区点选蜗杆的连接轴→出现箭头表示电动机定义成功

续上表

任务	步骤	操 作 结 果	操作说明
12 定义伺服电动机	设置电机参数	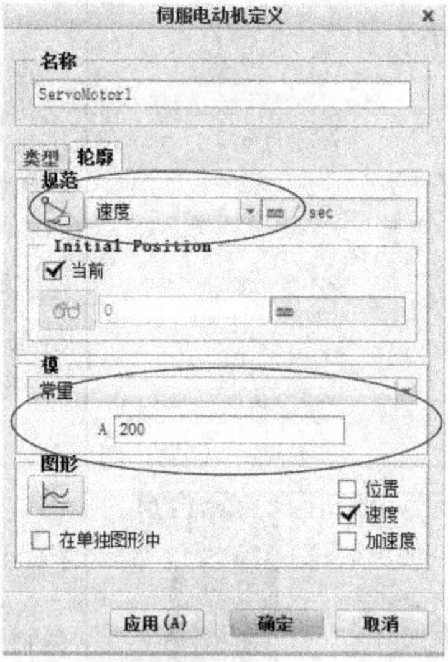	在"伺服电动机定义"窗口点选"轮廓"→点击"规范"栏的▼展开列表→点选"速度"→在"模"栏接受"常量"缺省项→在"A"栏中输入200→点击"确定"→完成电动机定义操作
	操作结果		注意连接轴的方向，本图全部连接的箭头都指向远离安装底板的方向，如果操作结果与本图不同，那么会出现齿轮转向的错误。 如需修改齿轮转向，修改图中箭头方向即可，操作方法见本案例最后的"说明"
13 运行机构	调用指令	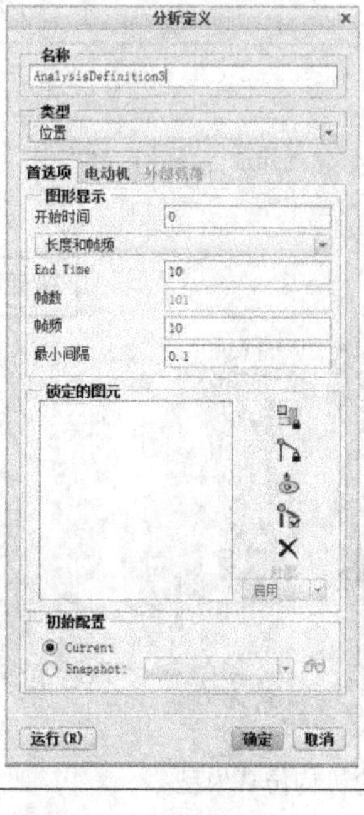	（1）点选右工具栏工具▨→弹出"分析定义"窗口→接受所有的缺省选项→点击"运行"，机构即开始运行； （2）改变"终止时间 End Time"栏的数值可设置运行时间； （3）点击 确定 ，保存连接文件

任务	步骤	操 作 结 果	操 作 说 明
14 仿真重放	调用指令＋重放操作		点选右工具栏工具 ◀▶ →弹出"回放"窗口→点击窗口的 ◀▶ →弹出"动画"窗口→点击"动画"窗口的 ▶ 开始播放，点击其他按钮可得到多种播放效果（操作者自己进行尝试）
15 说明	修改齿轮转向操作	点选齿形图案	在绘图区点选齿形图案（显线）→单击鼠标右键弹出快捷菜单→ 编辑操作 点"编辑此图元"→返回"齿轮副定义"窗口→点选"齿轮1"或"齿轮2"→点击按钮 ✐ 即可完成齿轮轴转向的修改
16 文件存盘	保存文件	单击保存工具 🖫 完成存盘	如果要改变目录存盘或名称，可点"文件"→"另存为"

案例 11–4   槽轮机构仿真

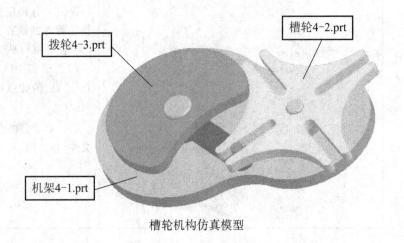

拨轮4-3.prt

槽轮4-2.prt

机架4-1.prt

槽轮机构仿真模型

学习任务：

完成槽轮机构仿真模型创建的实训，掌握应用凸轮定义工具连接间歇接触的槽轮机构，学习非弹性碰撞系数的使用。

操作分析：

（1）在组件界面下，采用"销钉"连接将槽轮装配到机架上，将拨轮装配到机架上。

（2）在机构界面，使用凸轮定义工具连接槽轮与拨轮，虽然两者并非连续接触，但连接操作与实训2的凸轮定义操作基本相同。

（3）拨轮销在刚插入槽轮槽时会发生碰撞，为了减少碰撞运动的影响，将碰撞设置为非完全碰撞，将恢复因子 e 设置在0.5左右。

操作步骤：

任务	步骤	操 作 结 果	操作说明
1 操作准备	拷贝文件	将封底网址中课题11机构运动仿真\4槽轮机构\4题目文件夹拷贝到"我的文档"	如果"我的文档"不是缺省工作目录，则设置拷贝文件夹为工作目录
2 新建文件		新建文件名：4. asm	新建文件操作参见前例
3 装配机架	调用指令缺省约束	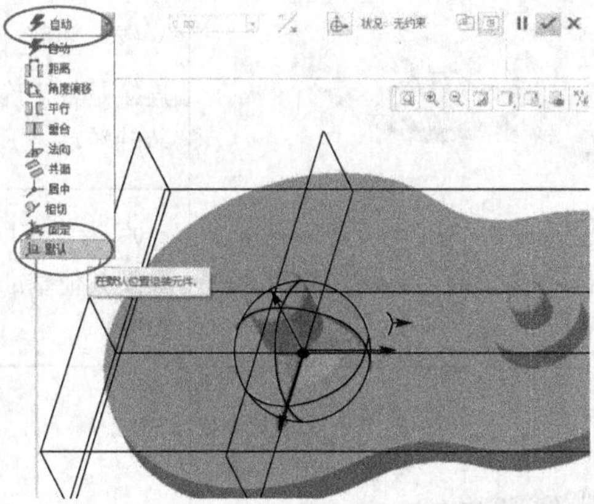	（1）点选右工具栏工具 →弹出"打开"窗口→点选工作目录中的4-1. prt→预览→打开→在绘图区调入机架模型；（2）单击操控板中的 ▼ 展开约束列表→点选 默认→点击 ✔ 完成装配
4 槽轮连接	调用指令	点选右工具栏工具 →弹出"打开"窗口→点选工作目录中的4-2. prt→预览→打开→将槽轮调入绘图区中	点击 打开基准轴显示，关闭其他基准显示，以使画面清晰

任务	步骤	操 作 结 果	操 作 说 明
	销钉连接点选两线	 点选两轴线 重合 4-1:A_4(轴):F7(旋转_1)	（1）点击操控板中的 用户定义 展开连接列表 →点选 销钉 连接； （2）点选槽轮轴线→点选机架安装轴的轴线
4 槽轮连接	销钉连接点选两面	 轴对齐平移 1 2	点选槽轮底平面1（此面被遮挡，需快速点击右键预选它，再点左键即可选中此面）→点选机架环形平面2→操控板上的状态提示"完全连接定义"
	操作结果		（1）点击 ✔ 完成连接，点击 关闭基准轴显示； （2）点选 工具拖动检查连接是否正确，槽轮能否绕安装轴转动
	调用指令	点选右工具栏工具 →弹出"打开"窗口→点选工作目录中的4-3.prt→预览→打开→将拨轮调入绘图区中	点击 打开基准轴显示，关闭其他基准显示，以使画面清晰
5 拨轮连接	销钉连接点选两线	 重合 点选两轴线 4-1:A_2(轴):F6(拉伸_2)	（1）点击操控板中的 ▼ 展开连接列表→点选 销钉 连接； （2）点选拨轮轴线→点选机架安装轴的轴线

续上表

任务	步骤	操作结果	操作说明
5 拨轮连接	销钉连接点选两面		点选拨杆上平面1→点选机架上平面2（需翻转装配位置）→单击操控板中的"放置"→点选滑板中的"轴对齐"→点击"反向"→拨杆改变装配方向→单击"放置"关闭滑板→操控板上的状态提示"完全连接定义"
	操作结果		（1）点击 ✔ 完成连接，点击 ⚏ 关闭基准轴显示； （2）点选 🖐 工具拖动检查连接是否正确，拨轮能否绕安装轴转动
6 进入机构界面	调用指令		点选主菜单中的"应用程序"→"机构"→打开机构操作界面，此时可以观察到连接轴显示的箭头
7 凸轮连接	调用指令		点选右工具栏工具 🔘 →弹出"凸轮从动机构连接定义"窗口→在"自动选样"前的复选框中打√→点选 ▶ →弹出"选择"框提示到绘图区选取槽轮的工作表面（侧表面）

任务	步骤	操 作 结 果	操作说明
7 凸轮连接	点选槽轮工作表面	点选所有工作表面	点选槽轮的任一工作表面（自动选取功能快速选定所有工作表面）→点击"选择"框的"确定"→凸轮1收集器中出现的如下信息： 凸轮 1 凸轮 2 属性 曲面/曲线 4-2:surface
	调用指令	凸轮从动机构连接定义 名称 Cam Follower1 凸轮 1 凸轮 2 属性 曲面/曲线 ☐ 自动选择　　　反向	在"凸轮从动机构连接定义"窗口点"凸轮2"按钮→点选 ↖ →弹出"选择"菜单→要求操作者到绘图区去点选拨轮、拨销的工作表面（圆柱面）
	点选拨销工作表面	选择 选择1个或多个项。 确定　取消 点选拨销工作表面	按住键盘 Ctrl 键，点选拨销的工作表面→点击"选择"框的"确定"→凸轮1 收集器中出现如下信息： 凸轮 1 凸轮 2 属性 曲面/曲线 4-3:surface
	设置 e 系数	凸轮从动机构连接定义 名称 Cam Follower1 凸轮 1 凸轮 2 属性 升离 ☑ 启用升离 $e = 0.5$ 摩擦 ☐ 启用摩擦 $\mu_s = 0$ $\mu_k = 0$ 确定　取消	在"凸轮从动机构连接定义"窗口→点选"属性"按钮→出现选项如图所示→在"启用升离"前的复选框中打√→输入数值 0.5→按"确定"关闭窗口完成凸轮定义

续上表

任务	步骤	操作结果	操作说明
7 凸轮连接	操作结果	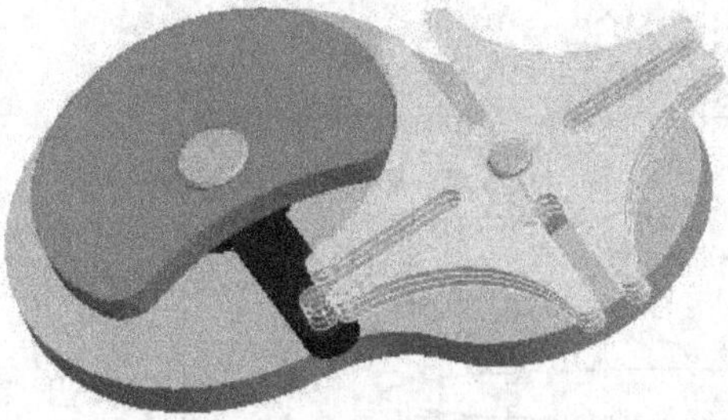	此时在绘图区凸轮与滚子之间出现定义标识
8 定义伺服电动机	调用指令		点选右工具栏工具→弹出“伺服电动机定义”窗口→点选
	点选驱动轴	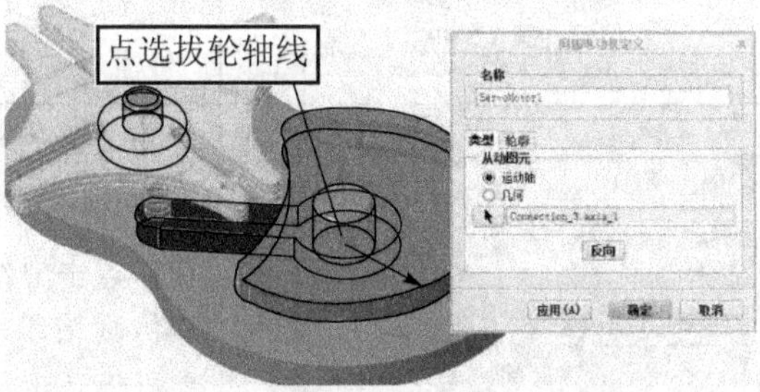	在绘图区点选拨轮的轴线→出现箭头表示伺服电动机定义成功→在“伺服电动机定义”窗口的收集器中出现如下信息：Connection_3.axis_1
	设置运行参数	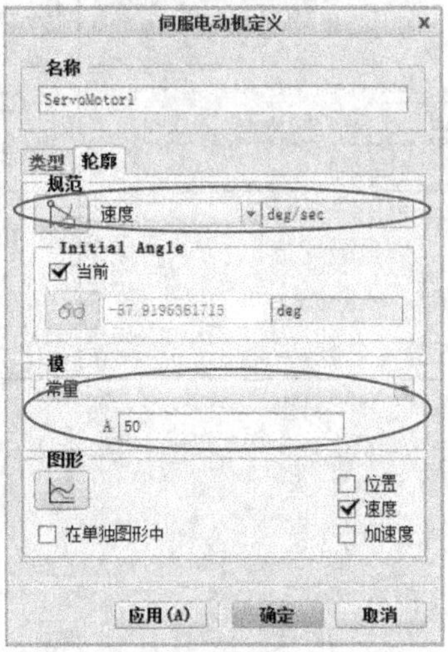	在“伺服电动机定义”窗口中点选“轮廓”→在“规范”栏选“速度”→在“模”栏选“常量”→在“A”栏输入50→点击“确定”完成伺服电动机定义。 注：窗口中的 *A* 为“模”值，改变它可改变凸轮的转速

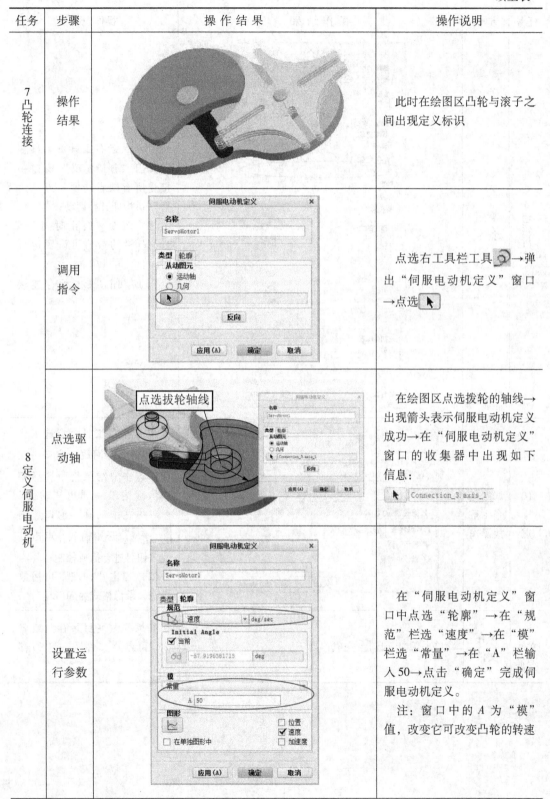

任务	步骤	操 作 结 果	操作说明
9 运行机构	调用指令	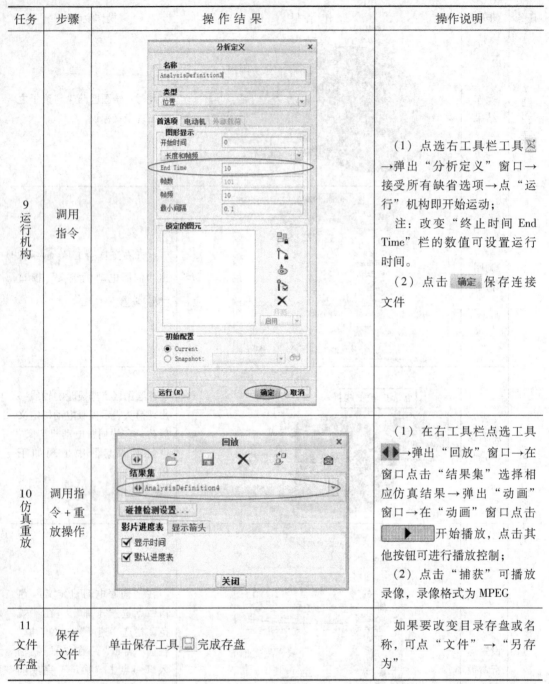	（1）点选右工具栏工具 →弹出"分析定义"窗口→接受所有缺省选项→点"运行"机构即开始运动； 注：改变"终止时间 End Time"栏的数值可设置运行时间。 （2）点击 确定 保存连接文件
10 仿真重放	调用指令+重放操作	见下图窗口	（1）在右工具栏点选工具 →弹出"回放"窗口→在窗口点击"结果集"选择相应仿真结果→弹出"动画"窗口→在"动画"窗口点击 ▶ 开始播放，点击其他按钮可进行播放控制； （2）点击"捕获"可播放录像，录像格式为 MPEG
11 文件存盘	保存文件	单击保存工具 🖫 完成存盘	如果要改变目录存盘或名称，可点"文件"→"另存为"

11.5 提高篇

	提　示
TG11-1　万向联轴器运动仿真　练习要点：销钉连接（题目在封底网址\课题11机构运动仿真文件夹内）	
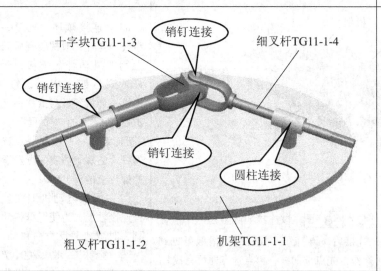	（1）连接顺序：机架→粗叉杆→十字块→细叉杆，前三个构件都使用销钉连接，最后的细叉杆连接是关键，先将细叉杆用销钉连接到十字块上，然后点击操控板上的"放置"→"新建集"→"圆柱"→再将它与机架连接； （2）伺服电动机加在粗叉杆的连接轴上，模取常数，*A* 取 100
TG11-2　曲柄滑块机构运动仿真　练习要点：滑动杆连接（题目在封底网址\课题11机构运动仿真文件夹内）	提　示
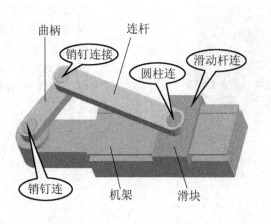	（1）连接顺序：机架→曲柄→滑块→连杆，曲柄装到机架上用销钉连接，滑块装到机架上用滑动杆连接，最后的连杆连接是关键，先将连杆用销钉连接到机架上，然后点击操控板上的"放置"→"新建集"→"圆柱"→再将它与滑块连接； （2）伺服电动机加在曲柄连接轴上，模取常数，*A* 取 100 左右

TG11－3　螺旋机构运动仿真　练习要点：槽连接（题目在封底网址\课题 11 机构运动仿真文件夹内）	提　示
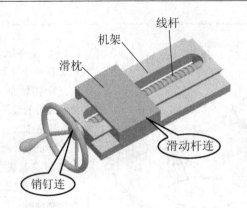 "槽"连接说明 　　螺旋传动仿真用到"槽"连接：⎡🔩 槽⎤，该连接实际上是一个点被约束在线上，当点选了"槽"连接后，再打开"放置"上滑板可见到"直线上的点"字样。该连接操作：先点选曲线，再点选点即可完成。 　　本例"槽"连接操作如下图所示（底视图）：点操控板的 ✔ 展开连接列表→⎡🔩 槽⎤→点选丝杆上的螺旋曲线→点选滑枕螺母上的点 PNT0即可完成，连接成功时将显示一个半圆形的槽形图标 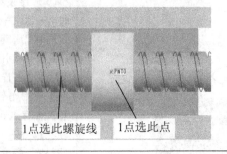 1点选此螺旋线　　1点选此点	（1）连接顺序：机架→滑枕→丝杆，滑枕装到机架上用"滑动轩"连接，丝杆装到机架上用"销钉"连接→连接丝杆与滑枕→点击操控板上的"放置"→"新建集"→"槽"→点选丝杆上的螺旋曲线→点选滑枕螺母上的点 PNT0； 　　（2）伺服电动机加在丝杆连接轴上，为使螺母移动到头时减速并反方向移动，模选"余弦"，A 取 200，B和 C 取 0，T 取 150，将终止时间设为 60，即可看到滑枕反方向移动。 　　本例参考答案中使用了"快照"，即将滑枕在开始运行的位置拍照，在"分析定义"窗口点选"快照"→再点选在同一行的眼镜图标，滑枕即回到开始运行的位置

续上表

TG11－4　行星轮系运动仿真　练习要点：齿轮连接（题目在封底网址＼课题11机构运动仿真文件夹内）	提　示
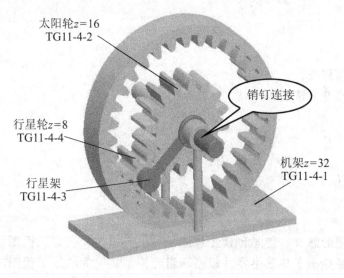 太阳轮$z=16$ TG11-4-2 销钉连接 行星轮$z=8$ TG11-4-4 机架$z=32$ TG11-4-1 行星架 TG11-4-3 行星轮系视向1 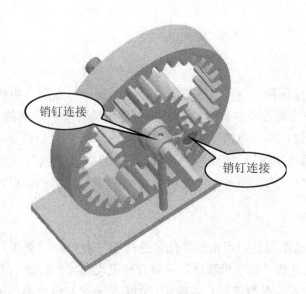 销钉连接 销钉连接 行星轮系视向2	（1）连接顺序：机架→太阳轮→行星架→行星轮，全部构件的连接都选用销钉； （2）啮合对齐操作：完成全部构件的连接后，轮齿并未处于正确的啮合位置，严格对齐时要使用到创建齿廓的对照基准面进行对齐，本例只要求用拖动工具将轮齿拖至啮合位置即可； （3）伺服电动机加在太阳轮连接轴上。模取常数，A取100左右； （4）仿真成败关键是齿轮定义操作，操作方法与前述的定轴轮系定义相同，可参考齿轮传动实训题的操作说明； （5）齿轮定义操作： ①太阳轮与行星轮的啮合，齿轮1是太阳轮，输入齿数16；齿轮2是行星轮，输入齿数8； ②行星轮与机架固定轮的啮合，齿轮1是行星轮，输入齿数8；齿轮2是固定轮，输入齿数32

课题 12　工程图设计

12.1　教学知识点

（1）工程图的基本设置与修改；

（2）各种视图的生成与修改方法；

（3）标注与修改方法；

（4）视图的显示设置操作；

（5）工程图的保存操作；

（6）工程计算和文件转换。

12.2　教学目的

理解 Creo 3.0 二维工程图的意义，熟悉创建工程图的种类与方法，会对工程图的基本环境进行设置与修改，能将 Creo 3.0 三维零件模型和组件模型转换为二维工程图的各种视图，并对视图有关项目进行标注与修改。

12.3　教学内容

12.3.1　基本操作

1. 新建文件

点击文件菜单的新建（或新建图标"▢"）→弹出"新建"窗口→点选"类型"下的"绘图"→在"名称"栏命名（可接受缺省名）→去除"使用缺省模板"前的"√"→点击确定→弹出"新建绘图"窗口→（点击"默认模型"项的"浏览"→选定一个三维模型→点击"打开"）→在"指定模板"项点选"◉空"→点选"方向"项选择图纸放置方向（"纵向""横向""可变"）→点选"大小"项选择图纸幅面（如 A3）→确定。

2. 工程图的基本设置

点击菜单"文件"→准备→绘图属性→点击"详细信息选项"右边的"更改"→弹出"选项"窗口→在"排序"项点选"按字母顺序"→检查和更改选项参数如下表→▣（保存至目录，文件名为工程图的基本参数设置）→确定；如需重命名则点击菜单中的文件→重命名→在新名称栏输入新文件名→确定。

附：工程图的基本参数设置表

工程图的基本参数设置表

选　　项	设定参数	说　　明
drawing_units	mm	设置工程图单位
projection_type	first_angle	设置视图投影方法为第一角投影
text_height	5	设置文本高度
text_width_factor	0.7	设置文本高度和宽度的比例
crossec_arrow_length	4	设置剖切符号中的箭头长度
crossec_arrow_width	1.5	设置剖切符号中的箭头宽度
cutting_line	std_gb	设置剖切线的显示方式为国标（短粗实线）
cutting_line_segment	5	设置剖切符号中的短粗实线长度
half_section_line	centerline	设置半剖视图分割线为中心线
show total unfold seam	no	设置全部展开剖视图的中间切缝不显示
arrow_style	filled	设置尺寸箭头类型为实心箭头
draw_arrow_length	4	设置尺寸箭头长度
draw_arrow_width	1.5	设置尺寸箭头宽度

3. 创建各种视图

（1）主视图：工具 →指定视图位置→指定几何参照（一般指定前、上参照）；

（2）俯视图、左视图：工具 →选择投影俯视图→指定俯视图、左视图位置；

（3）向视图：工具 →在俯视图上指定前观察面→指定视图位置；

（4）局部放大视图：工具→指定俯视图放大部位中心点→画封闭样条线→指定局部放大视图位置→修改放大比例→调整局部放大视图注释的位置；

（5）全剖视图：选择视图→绘图视图对话框→创建 2D 截面→完全；

（6）半剖视图：选择视图→绘图视图对话框→创建 2D 截面→一半→剖切侧；

（7）局部剖视图：选择视图→绘图视图对话框→创建 2D 截面→局部→剖切中心点→样条线；

（8）旋转剖：选择视图→绘图视图对话框→创建 2D 截面→全部对齐。

4. 显示视图中心线

在注释状态下点选显示模型注释工具→弹出显示模型注释对话框→点选按键 →点选绘图区左侧绘图树中需显示中心线的视图（选多个视图时需按住 Ctrl 键）→点击对话框下部"全选"按钮 →点击确定→删除多余的中心线→调整中心线长度。

5. 设置视图显示方式

在布局状态下点选视图→单击右键弹出快捷菜单→点选"属性"→设置视图显示方式为"隐藏线"和"无"。

6. 视图属性修改

选择一个视图→右键菜单→"属性"→…

7. 尺寸标注

图标  →"尺寸 – 新参照"→…

8. 尺寸修改

选择一个尺寸标注→右键菜单→"属性"→…

12.2.1 操作要领与技巧

（1）向视图中有"局部"和"单个零件曲面"的选择，注意此时结果视图的区别；

（2）工程图与对应的三维模型相关联，修改三维模型中的任一尺寸，工程图中所有视图的相应尺寸也会随之更新；也可反向操作，修改工程图任一尺寸，三维模型也会随之更改；在设计过程中建议采用前一种修改方法。

（3）在工程图创建过程中，"布局"和"注释"两种状态需经常切换，视图和剖视图的创建和修改、移动必须在"布局"状态才能进行，创建和修改注释、尺寸、中心线等，则需在"注释"状态才能进行；

（4）在创建旋转剖的全剖视图时，将剖切平面所垂直的相应视图（显示剖切符号和箭头的视图）创建为普通视图，剖视图的视图创建为投影视图，否则在将该视图转换为剖视图时，绘图视图对话框中"剖切区域"的"全部（对齐）"选项不可用；

（5）由于工程图与对应的三维模型相关联，文件必须与对应的三维模型保存在同一目录下，否则无法打开工程图文件。

12.4 基础篇

案例 12 – 1 格式/模板图的创建

A4格式文件（A4-GS.frm）

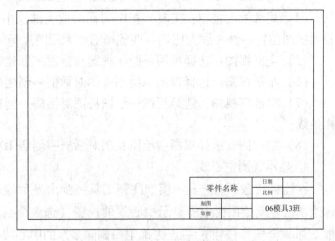

A4模板文件（A4-mb.drm）

学习任务：

完成 A4 – GS. frm 和 A4 – mb. drw 文件的设计，掌握工程图的基本设置与修改。

操作分析：

（1）保证在只有一个窗口时进行；

（2）格式文件与模板文件的操作不同，文件扩展名不同，注意技巧；

（3）标题栏是在表状态下操作，可单独保存为 .dtl 文件。

操作步骤：

任务	步骤	操 作 结 果	操作说明
1 新建文件		新建文件名：目录/A4 – GS. frm	新建→格式→"空""竖放""A4"图幅→确定
2 绘制图纸边框	调用工具	在草绘状态下点击"偏移边"图标 	在菜单管理器中选择"链图元"→选择 A4 图纸的 4 条边界线→输入向内偏移 10 →
3 绘制标题栏	调用工具	在表状态下点击"插入表"图标	
	填写表格参数	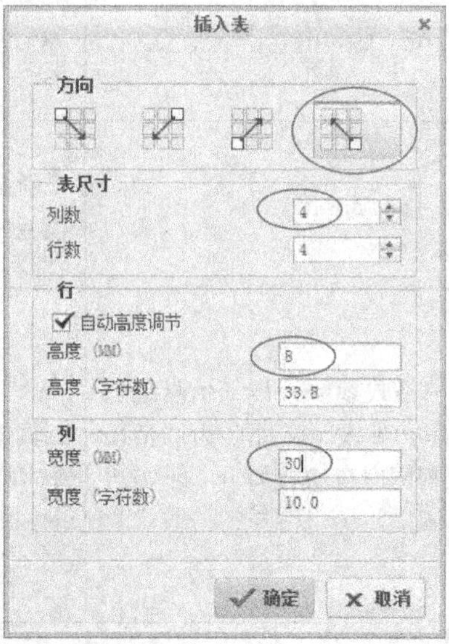	表→表→插入表，进入插入表对话框，并按左图数据填写后（见色标记圈）→确定

续上表

任务	步骤	操作结果	操作说明
3 绘制标题栏	放置表格		选择点对话框→点"选择顶点"→选择右下角的绘制顶点→确定
	合并单元格		表→合并单元格→选择要合并的单元格
	填写文字	零件名称　日期　比例　制图　审核　06模具3班	双击单元格填写相应文字后调整文字属性（大小、位置、间隔等）
4 文件存盘	保存表文件	在表状态下点击 ⊞ 保存表 ▾ 完成表文件的命名和保存（A4 – GS. dtl）	可更改保存路径或文件夹
	保存格式文件	单击保存工具 🖫 完成 A4 – GS. frm 文件的存盘	如果要改变目录存盘或名称，可点"文件"→"另存为"
5 新建文件		新建文件名：目录/A4 – mb. drw	新建→绘图→去掉使用默认模板→空、横放、A4→确定
6 设置工程图基本参数	更改绘图属性参数	检查并更改绘图属性→格式参数→详细信息选项中的参数后，保存至工作文件夹，文件名为"活动绘图 . dtl"，创建下一工程图时可直接打开，不需再检查和更改	具体操作参见本书第 210 页基本操作（2）

续上表

任务	步骤	操 作 结 果	操作说明
7 绘制图纸边框	调用工具	在草绘状态下点击"创建2点线"图标 ＼线 第3条线 第2条线 第4条线 第1条线	右键→绝对坐标→依次输入（10，10）、（287，10）、（287，200）、（10，200）→完成第1，2，3，4条线的草绘
8 调用表文件	调用工具	在表状态下点击 ☐表来自文件 图标 零件名称　日期／比例　制图／审核　06模具3班	打开 A4 – gs. dtl 文件→选择顶点→点击右下角点→确定
9 文件存盘	保存模板文件	单击保存工具 ☐ 完成 A4 – mb. drw 文件的存盘	如果要改变目录存盘或名称，可点"文件"→"另存为"

案例 12 – 2　轴承座

学习任务：

　　完成轴承座模型的工程视图设计，掌握 Creo 3.0 工程图中基本视图（主视图、俯视图、左视图）和剖视图（全剖、半剖和局部剖）的创建方法，以及视图中心线显示和视图显示方式的设置方法。

操作分析：

　　该轴承座模型的工程图有三个视图：主视图、俯视图、左视图等基本视图。先创建主视图，然后再创建俯视图和左视图，在创建主视图时，参考 1

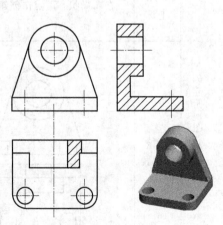

轴承座工程图

为支架体的前端面，参考 2 为带孔底板的上表面；最后将主视图改变为局部剖视图，左视图改变为全剖视图，俯视图改变为半剖视图。

操作步骤：

任务	步骤	操作 结 果	操作说明
1 新建 文件	📄	新建文件名：目录/12 – 2. drw	调用 A4 – mb. drw 模板文件
2 创建主视图	调用 工具	在布局状态下点击创建普通视图图标	也可单击右键，点击弹出快捷菜单中的"常规视图"
	指定视 图位置		在绘图区的右上部适当位置单击左键，指定主视图放置位置→弹出绘图视图对话框
	指定视 图放置 参照	参考1-前 参考2-上	点选绘图视图对话框的"几何参考"→在模型上先后点选两个面（如左图所示）→点选线框显示模式→确定，完成主视图的操作
3 创建俯视图和左视图	调用 工具	在布局状态下点击创建投影视图图标 投影视图	也可单击选中主视图→右键→投影视图
	指定视 图位置		（1）在主视图下方适当位置单击左键指定俯视图放置位置，完成俯视图操作； （2）同理，在主视图右侧完成左视图操作

任务	步骤	操 作 结 果	操作说明
4 消除视图多余线条	修改视图显示状态参数	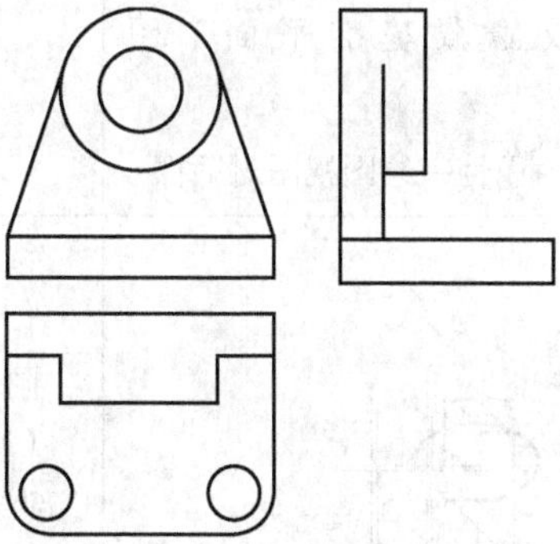	窗选三个视图→右键→属性→绘图视图对话框→将"显示样式"设为"消隐","相切边显示样式"设为"无"→确定
5 显示模型轴线	调用工具	在注释状态下点击图标	在打开的"显示注释对话框"中→点击图标
	具体操作步骤	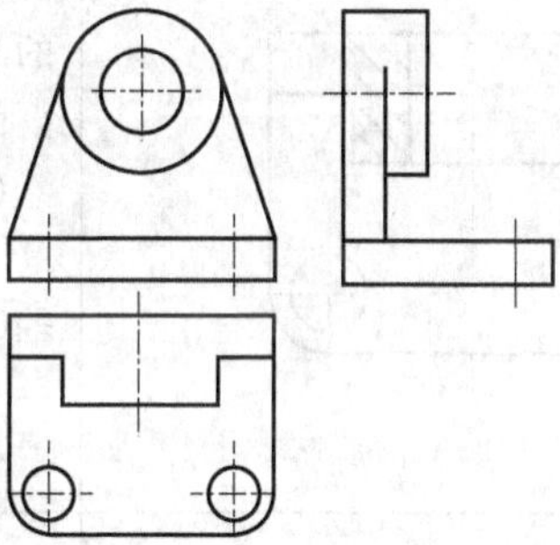	（1）选择视图→在对话框中点击→确定; （2）选择轴线→按住出现的双向箭头中的一端,移动鼠标可调整轴线的长短
6 将左视图更改为全剖左视图	调用工具	（1）勾选"显示或隐藏基准平面"图标 ☑ 平面显示; （2）选中左视图→右键→属性→绘图视图对话框	
	具体操作步骤	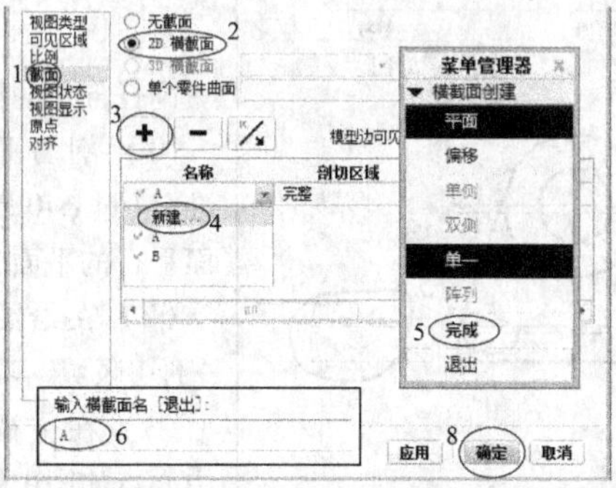 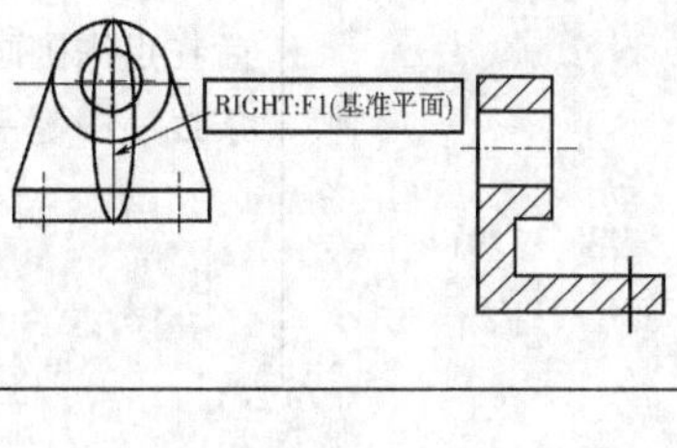	（1）"类别"→截面;"截面选项"→2D 截面、、新建→默认"平面、单一"→完成→输入截面名称（如 A）后回车→在主视图上点击 RIGHT 基准平面→确定; （2）去掉基准平面显示前的"√",拭除视图中的模型轴线,得到全剖左视图如图所示

续上表

任务	步骤	操作结果	操作说明
	调用工具	（1）勾选"显示或隐藏基准平面"图标☑ 平面显示； （2）选中俯视图→右键→属性→绘图视图对话框	
7 将俯视图更改为半剖俯视图	具体操作步骤		同任务6的操作相似： （1）在绘图视图对话框的"剖切区域"项选"半倍"； （2）剖切平面为"产生基准"（过带孔圆柱中心与FRONT基准面平行的平面）； （3）在俯视图上点选如图的半剖界线（红色箭头指向剖面部分）→确定； （4）去掉基准平面显示前的"√"，拭除视图中的模型轴线，得到半剖俯视图如左
8 将主视图更改为局部剖视图	调用工具	（1）勾选"显示或隐藏基准平面"图标 ☑ 平面显示 （2）选中主视图→右键→属性→绘图视图对话框	
	具体操作步骤		同任务7的操作相似： （1）剖切平面为"产生基准"（过 $\phi40$ 圆心与TOP基准面平行的平面）； （2）在绘图视图对话框的"剖切区域"项选"局部"； （3）在主视图上点选一个中心点如图中标示的4处→然后在点周围画出一个封闭的样条线→中键→确定

续上表

任务	步骤	操作结果	操作说明
9 设置剖面线属性	更改剖面线间距	在布局状态下	选择剖面线→右键→属性→间距→半倍（点击一次半倍，间距减少一半）→完成
10 文件存盘	保存文件	单击保存工具 🖫 完成存盘	如果要改变目录存盘或名称，可点"文件"→"另存为"

案例 12－3 连 杆

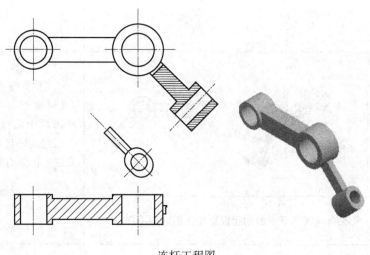

连杆工程图

学习任务：

完成连杆模型的工程图设计，掌握正等轴测图、向视图、局部视图等的创建操作方法。

操作分析：

连杆零件有四个视图：主视图、俯视图、向视图和正等轴测图。先创建主视图和俯视图，然后创建向视图，最后创建正等轴测图；在主视图上创建局部剖，将俯视图更改为局部视图后进行剖视，向视图也更改为局部视图。

操作步骤：

任务	步骤	操 作 结 果	操 作 说 明
1 新建 文件		新建文件名：目录/12-3.drw	调用 A4-mb.drw 模板文件
2 创建主视图	调用 工具	在布局状态下点击创建普通视图图标	单击右键，点击弹出快捷菜单的"常规视图"
	指定视图位置		在绘图区的右上部适当位置单击左键，指定主视图放置位置
	指定视图放置参照	参考2-上　参考1-前	点选绘图视图对话框的"几何参考"→在模型上先后点选两个面（如图中所示）→点选线框显示模式→确定，完成主视图的操作
3 创建俯视图	调用 工具	在布局状态下点击创建投影视图图标 投影视图	
	指定视图位置		在主视图下方适当位置单击左键指定俯视图放置位置

任务	步骤	操 作 结 果	操作说明
4 创建向视图（局部视图）	调用工具	在布局状态下点击"创建辅助视图"图标 ◇辅助视图	
	指定投影面	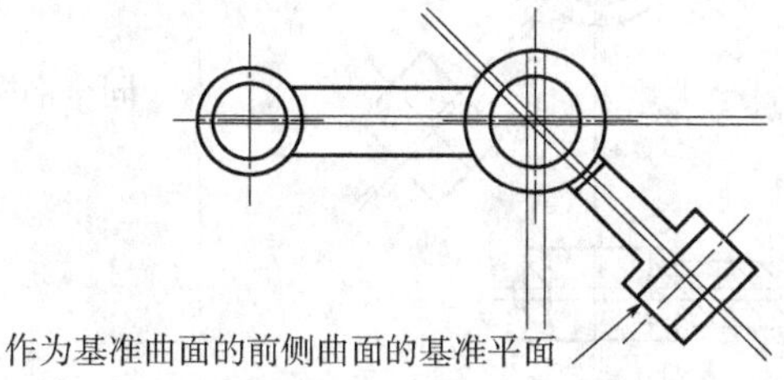 作为基准曲面的前侧曲面的基准平面	单击左键选择主视图中的前侧观察面
	指定视图位置	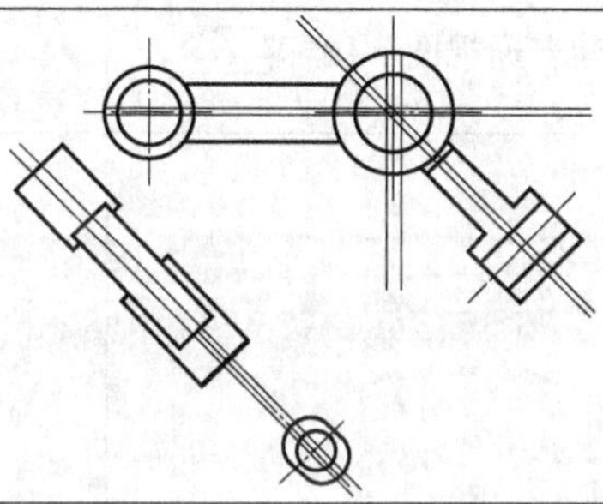	移动鼠标至主视图的左下角位置→单击左键确定向视图的位置
	指定视图范围	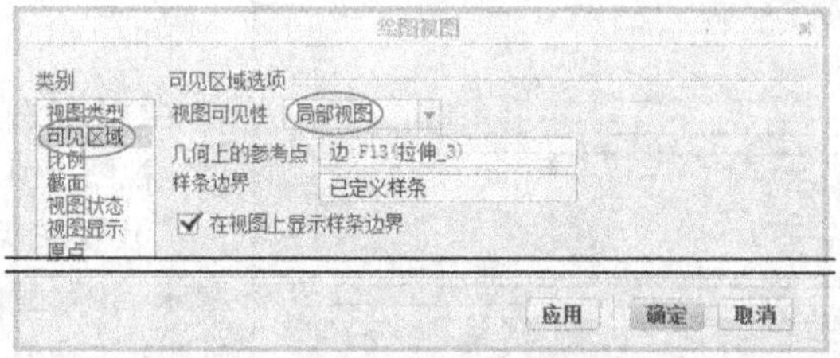 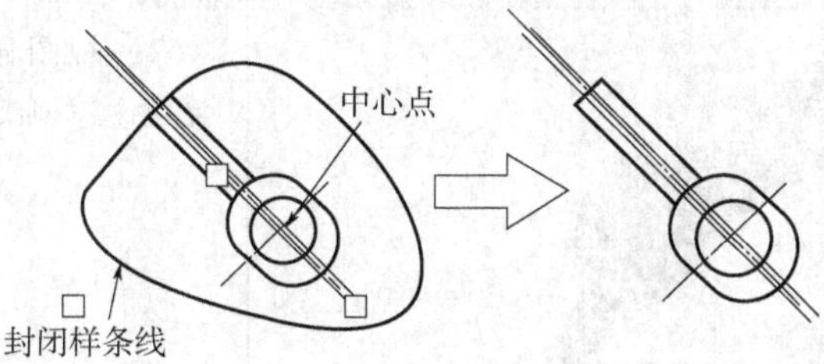 绘图视图 类别 可见区域选项 视图类型 视图可见性 局部视图 可见区域 几何上的参考点 边:F13(拉伸_3) 比例 样条边界 已定义样条 截面 ☑在视图上显示样条边界 视图状态 视图显示 原点 应用 确定 取消 中心点 封闭样条线	选择向视图→右键→属性→绘图视图对话框→"类别"（可见区域）、"视图可见性"（局部视图）→在向视图中点选一处作为中心点，草绘一封闭的样条线（如图），中键结束→确定
5 更改俯视图为局部视图并剖开	改为局部视图	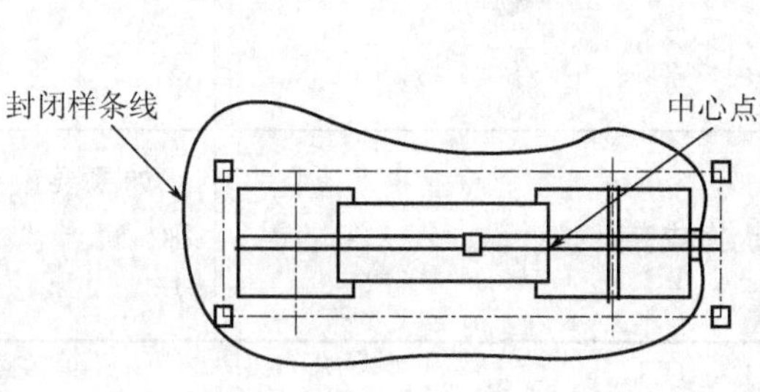 封闭样条线　　中心点	同上操作

任务	步骤	操 作 结 果	操作说明
5 更改俯视图为局部视图并剖开	剖开	2D截面	同全剖操作
6 创建正等轴测图	调用工具	在布局状态下点击"创建普通视图"图标	
	指定视图位置	绘图视图 类别 视图类型 可见区域 比例 截面 视图状态 视图显示 原点 对齐 视图类型 视图名称 new_view_12 类型 常规 视图方向 选择定向方法 ● 查看来自模型的名称 ○ 几何参考 ○ 角度 模型视图名 默认方向 等轴测 可见区域 显示样式 着色 比例 相切边显示样式 默认 截面 视图状态 视图显示 应用 确定 取消	在绘图区右下角位置单击左键→视图绘图对话框： （1）视图类型→选中"查看来自模型的名称"→等轴测； （2）视图显示→显示样式（着色）→确定
7 文件存盘	保存文件	单击保存工具 完成存盘	如果要改变目录存盘或名称，可点"文件"→"另存为"

案例 12-4 钻 套

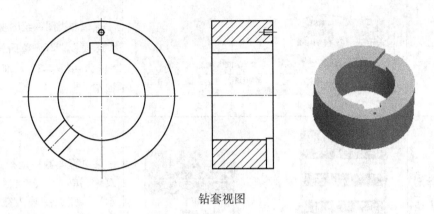

钻套视图

学习任务：

完成钻套的工程图设计，掌握旋转剖全剖视图创建的操作方法。

操作分析：

钻套为旋转体，采用旋转剖切的方法，能够在同一剖视图上完整地表达其内部结构；旋转剖的剖视图需标注剖切符号和剖视图名称；首先创建主视图和左视图，然后再将左视图转换为旋转剖的全剖视图。

操作步骤：

任务	步骤	操 作 结 果	操作说明
1 新建 文件		新建文件名：12-4.drw	调用 A4-mb.drw 模板文件
2 创建 三个 视图	主视图、 左视图 和轴测 图		（1）主视图参照： 参考1-后-FRONT平面； 参考2-上-TOP平面； （2）显示轴线； （3）视图显示为消隐

任务	步骤	操作结果	操作说明
3 更改左视图转为旋转剖视图	创建截面		点选左视图→绘图视图→点"截面""2D 截面"、 ✚ 、"新建…"→输入剖面名后回车
	选择剖切平面选项		菜单管理器→选择"偏移、双侧、单一"选项（如图所示）→完成→输入截面名→打开草绘窗口→弹出另一菜单管理器和草绘平面选取提示窗
	绘制剖切平面		点选模型中的圆环面为草绘平面→确定→默认→进入草绘剖切平面界面→点选"草绘"菜单中的"参考"→在模型中选择5个参考→中键→草绘→线→绘制一条折线（如图所示）→完成
	设置剖视图		在绘图视图对话框的"剖切区域"中点选"全部（对齐）"→选取左视图上的中心轴为参照→点击主视图显示剖切符号和箭头→确定→关闭基准平面显示；移动主视图上的剖切符号和箭头至合适位置→右键→隐藏箭头文本；修改剖面线间距至合适
4 文件存盘	保存文件	单击保存工具 💾 完成存盘	如果要改变目录存盘或名称，可点"文件"→"另存为"

案例 12 – 5 法兰盘

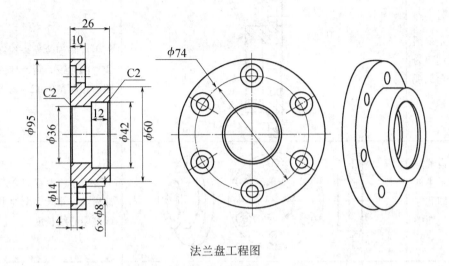

法兰盘工程图

学习任务：

完成法兰盘工程图尺寸标注设计，掌握 Creo 3.0 工程图尺寸标注的方法。

操作分析：

法兰盘工程图共有两个视图：主视图、左视图，主视图为全剖视图。首先创建主视图、左视图，在注释状态下设置显示全部尺寸，然后删除不符合工程图要求的尺寸，添加缺少的尺寸。

操作步骤：

任务	步骤	操作 结 果	操作说明
1 新建 文件		新建文件名：12 – 5. drw	调用 A4 – mb. drw 模板文件
2 创建视图	创建三个视图并设置视图显示	主视图　左视图　斜轴侧	（1）创建主、左视图和斜轴测图； （2）主视图参考： 参考 1 – 前 – FRONT 平面， 参考 2 – 上 – TOP 平面； （3）设置视图显示："消隐""无"

续上表

任务	步骤	操 作 结 果	操作说明
3 创建全剖视图	主视图创建为全剖视图		主视图创建为全剖视图,并调整剖面线间距,具体操作参照本课题案例 12 - 2
4 显示中心线	设置显示主视图和左视图中心线		设置主、左视图全部中心线都显示→删除多余的中心线→调整中心线长度
5 标注主视图尺寸	自动显示视图尺寸		注释状态: (1)点击 →点击 ⊢⊣ →选择主视图→点击 ⊱ →显示视图全部尺寸(如图所示),不合适→取消
	手工标注线性尺寸		注释状态下: (1)点击 ⊢⊣ ▾ →如图按住 Ctrl 键点选两直线→移动鼠标至合适位置→中键→完成尺寸 8 的标注; (2)完善该尺寸标注:选择该尺寸→右键→属性→显示→在前缀栏输入"6×"→文本符号→选"ϕ"(前缀栏中显示"6×ϕ")→确定; (3)同样操作手工标注完主视图所有线性尺寸,如图所示

任务	步骤	操作结果	操作说明
5 标注主视图尺寸	手工添加倒角尺寸		注释状态： （1）点击 □ →选择倒角边左键单击→移动鼠标至合适位置→右键→无箭头→中键→输入 C2→中键→右键→切换引线类型→单击左键→完成倒角标注； （2）同样操作手工标注另一倒角
	标注几何公差		注释状态： 点击 □IM →选择几何公差类型（如 // ）→ 选择图元… →在视图上选择轴线→类型（法向引线）→在视图上选择 φ60 圆的母线→中键→确定→左键按住箭头处移动至合适位置
	标注表面粗糙度		注释状态： （1）点击 √ 表面粗糙度 →浏览→machined→stander→打开→设置放置类型为垂直于图元→在视图上选择图元→中键→确定； （2）选择该符号→右键→属性→高度（改变该值可改变符号的大小）

任务	步骤	操作结果	操作说明
6 标注左视图尺寸	绘制构造圆		草绘状态: 点击 ⭕→弹出捕捉参考窗→点击 ▸→如左图,点选左视图上两处半圆弧→中键→捕捉大圆弧圆心和小圆弧圆心→中键,完成构造圆的绘制
	标注构造圆尺寸		注释状态: 点击 ⊢⊣ ▾→双击构造圆→移动鼠标至合适位置→中键,完成 φ74 尺寸标注
7 文件存盘	保存文件	单击保存工具 💾 完成存盘	如果要改变目录存盘或名称,可点"文件"→"另存为"

案例 12 – 6　旋阀装配图

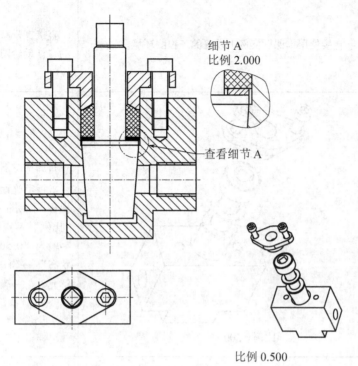

细节 A
比例 2.000

查看细节 A

比例 0.500

旋阀组件视图

学习任务:

　　完成旋阀组件模型的工程图设计,掌握组件视图的创建方法,以及装配图剖面线的修改方法。

操作分析:

　　旋阀组件工程图共有四个视图:轴侧图、主视图、俯视图、局部放大视图。轴侧图分解各零件,主视图为全剖视图;首先创建分解轴侧图,然后创建主视图、俯视图,将主视图转为全剖视图,最后创建局部放大视图,并设置各零件剖面的剖面线。

操作步骤:

任务	步骤	操 作 结 果	操作说明
1 新建 文件		新建文件名:12 – 6. drw	选用"横放""A3"图幅,具体操作参见基本操作步骤 (1); 　也可调用 A4 – mb. drw 模板文件

任务	步骤	操 作 结 果	操作说明
2 设置工程图环境	打开绘图选项文件	直接使用本课题案例1设置的工程图环境。	直接打开保存在工作文件夹的"活动绘图.dtl"文件
3 创建轴侧图	创建分解轴侧图	 比例0.500	布局状态下点击 →左键点击指定放置位置→弹出绘图视图对话框→点类别中的"比例"→点"自定义比例"→输入"0.500"→点"视图状态"→勾选"视图中的分解元件"→确定
4 创建主、俯视图			创建主、俯视图，具体操作参照本课题案例12－2； 两个视图显示样式设为"消隐"，相切边显示样式设为"无"

续上表

任务	步骤	操 作 结 果	操作说明
5 主视图转全剖视图	主视图转换为全剖视图	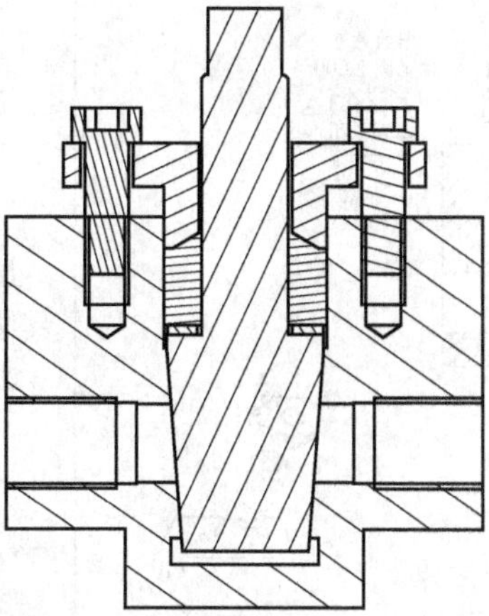	将主视图创建为全剖视图，具体操作参照本课题案例12－2
	修改剖面线	 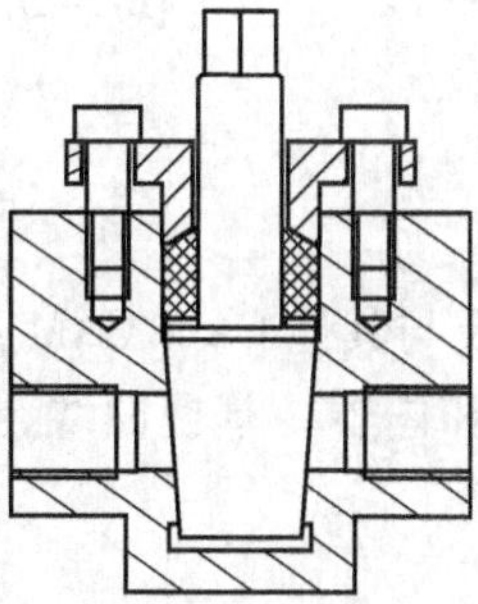	布局状态下双击剖面线，弹出菜单管理器； 　依次点击"下一个"可循环显示各个零件的剖面线，根据需要点击"间距"和"角度"，输入修改值，无剖面线的则点击"排除"，垫圈采用"填充"，全部修改后点完成； 　网纹线设置间距和角度后点击"新增直线"，增加另一方向的剖面线
6 创建局部放大视图	创建局部放大视图	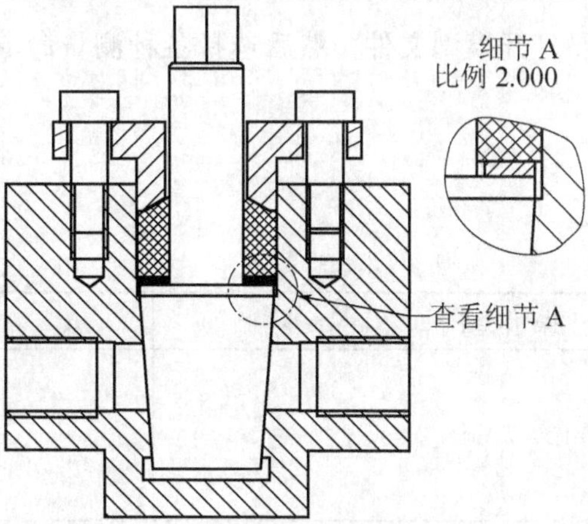	（1）创建局部放大视图： 　布局状态→点击 ⟲ →在要放大的位置中心单击左键→围绕中心画出封闭的样条线→中键→指定视图放置位置； 　（2）修改剖面线：点击"独立详图"后，将剖面线的间距修改为"一半"

231

任务	步骤	操作结果	操作说明
7 显示中心线		细节 A 比例 2.000 查看细节 A 比例 0.500	显示主、俯视图的中心线，具体操作参照本课题案例 12－2
8 文件存盘	保存文件	单击保存工具 🖫 完成存盘	如果要改变目录存盘或名称，可点"文件"→"另存为"

案例 12 －7　工程计算和文件转换

学习任务：

　　完成模型的测量和分析，以及与其他 CAD/CAM 系统的文件转换。掌握模型的测量内容与方法，掌握模型的分析方法和内容，掌握曲线与曲面的曲率分析方法，掌握文件的输入与输出的知识。

操作分析：

　　模型的测量与分析，首先要打开模型文件，然后选择各种测量命令进行各种数据的测量和分析操作。

操作步骤：

　　1. 测量模型

任务	步骤	操作结果	操作说明
1 打开文件	📂	打开文件：目录/12 - 7. prt	

续上表

任务	步骤	操 作 结 果	操 作 说 明
	调用指令	弹出"测量：汇总"操控板，点击  。 测量：距离	【分析】→ →
2 测量距离	测量面到面的距离	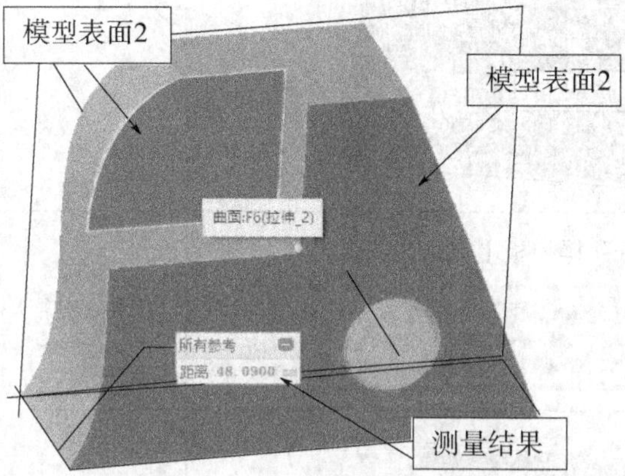 模型表面2　模型表面2 曲面:F6(拉伸_2) 所有参考 距离 48.0960 测量结果	在绘图区 Ctrl 选择左图所示模型上的两个面，在图中显示测量结果为 48.09（四舍五入，下同）
	测量点到面的距离	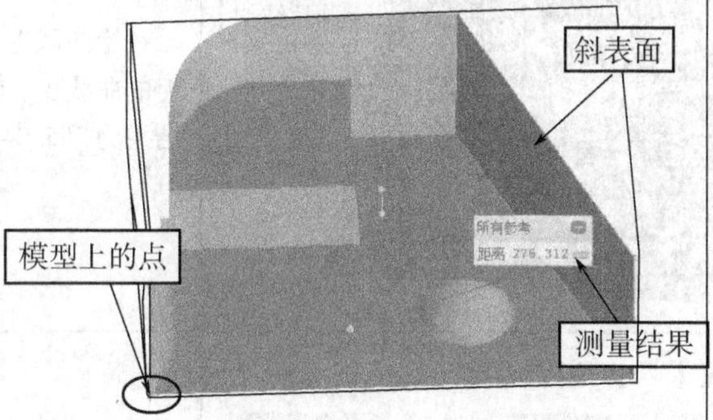 斜表面 模型上的点 所有参考 距离 276.312 测量结果	点击 清除所有选择。 在绘图区 Ctrl 选择左图所示模型上的一个点和一个面，在图中显示测量结果为 276.31
	测量线到线的距离	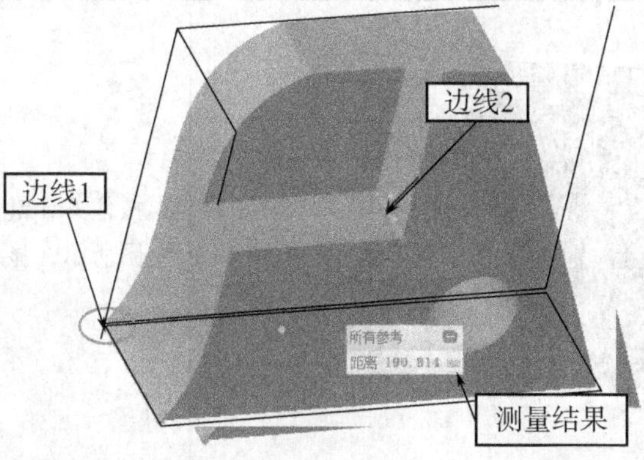 边线2 边线1 所有参考 距离 190.814 测量结果	点击 清除所有选择。 在绘图区 Ctrl 选择左图所示模型上的两条线，在图中显示测量结果为 190.81

任务	步骤	操 作 结 果	操 作 说 明
2 测量距离	测量点到曲线的距离	边线 所有参考 距离 154.386 测量结果 选取点	同上操作，测量结果为 154.39
3 测量长度	调用指令	在"测量：汇总"操控板上点击 ◯ 测量：长度 X	【分析】→ ◢ → ◯
	测量曲线长度	曲线1 边:F5(拉伸_1) 曲线长度 255.044 测量结果	在绘图区选择左图所示模型上的曲线 1，在图中显示测量结果为 255.04
4 测量角度	调用指令	在"测量：汇总"操控板上点击 △ 测量：角度 X	【分析】→ ◢ → △
	测量面与面的角度	面2 面2 所有参考 角度 90.0000 PRT CSYS DEF 测量结果	按住 Ctrl 键选择两个面，如左图所示，显示结果为 90°

续上表

任务	步骤	操 作 结 果	操 作 说 明
4 测量角度	测量线与线的角度	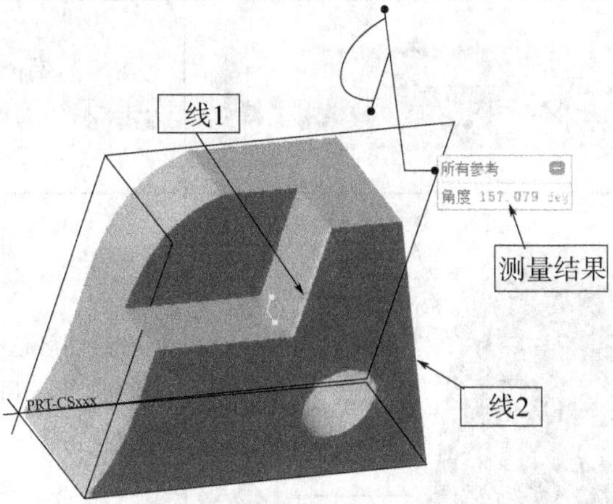 线1　所有参考　角度 157.079 deg　测量结果　线2	按住 Ctrl 键选择两条线，如左图所示，显示结果为 157.08°
5 测量面积	调用指令	在"测量：汇总"操控板上点击  ⊠　测量：面积	【分析】→ ⟋ → ⊠
	测量曲面面积	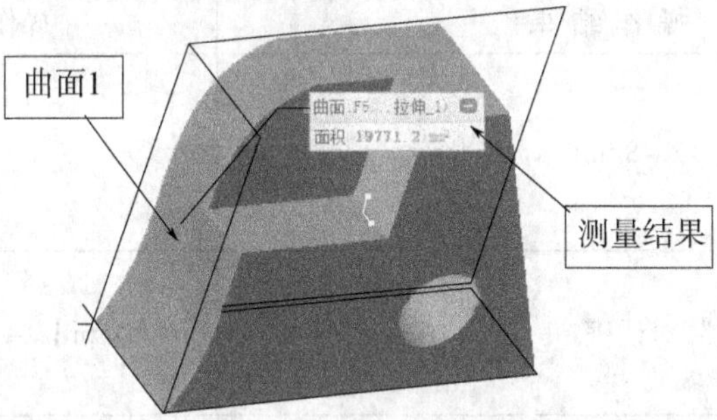 曲面1　曲面.F5 拉伸_1　面积 19771.2 mm²　测量结果	在绘图区选择左图所示模型上的曲面1，在图中显示测量结果为 19 771.20
6 测量体积	调用指令	在"测量：汇总"操控板，点击  ⬚　测量：体积	【分析】→ ⟋ → ⬚
	测量模型体积	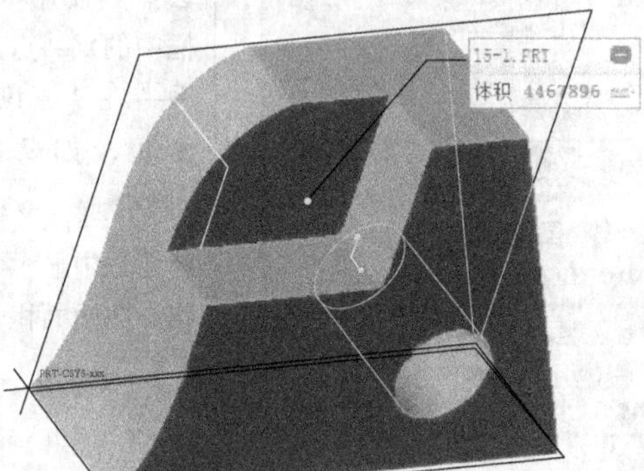 15-1.PRT　体积 4467896 mm³	直接显示结果为 4 467 896mm³

235

续上表

任务	步骤	操 作 结 果	操作说明
7 测量直径	调用指令	测量：直径	在"测量：汇总"操控板，点击
	测量孔的直径	测量结果 选择曲面 曲面 F7 拉伸 直径 60.0000 mm 半径 30.0000 mm PRT-CSYS-xxx	在绘图区选择左图所示模型上的曲面，在图中显示测量结果为直径60，半径30

2. 模型的基本分析

任务	步骤	操 作 结 果	操作说明
1 打开文件		打开文件：目录/12－8. prt	
	调用指令	弹出"质量属性"对话框	【分析】→ 质量属性
2 模型质量属性分析	模型质量属性分析	质量属性 分析(A) 特征(F) ● 实体几何 ○ 面组： 坐标系：PRT_CSYS_DEF:F4(坐标系) □ 使用默认设置 密度：7.800000e-06 精度：0.00001000 体积 = 2.1846744e＋05 MM^3 曲面面积 = 4.4136914e-04 MM^2 密度 = 7.8000000e-06 公吨 / MM^3 质量 = 1.7039650e+00 公吨 根据PRT_CSYS_DEF坐标框架确定重心： X Y Z 0.0000000e+00 7.3713650e-00 ... 相对于PRT_CSYS_DEF坐标架之惯性 (公吨... 快速 Mass_Prop_1 预览(P) 重复(R) 确定 取消	在"质量属性"对话框中，去掉"使用默认设置"复选框中的√→点选模型中的坐标系→在"密度"文本框输入密度，如 7.8e-6 → 点击 预览(P) →在"质量属性"对话框中显示各项数据，如体积、曲面面积、质量等

续上表

任务	步骤	操 作 结 果	操作说明
3 模型的剖截面属性分析	调用指令	弹出"横截面属性"对话框	【分析】→ 质量属性 ▾ → 横截面质量属性
	剖截面属性质量分析		在"剖截面属性"对话框中的"名称"栏选择"1"→在"使用默认设置"复选框中点√→在"剖截面属性"对话框中显示各项数据,如面积、惯性张力等
4 配合间隙分析	调用指令	弹出"配合"间隙对话框	【分析】→ 配合间隙
	两曲面间配合间隙分析		单击"配合间隙"对话框中的"自"文本框中的"选择项"→双击点选模型中的半圆曲面→单击"至"文本框中的"选择项"→双击点选模型的平面→在"配合间隙"对话框中的结果区域中显示两曲面之间的最小间隙为40

任务	步骤	操作 结 果	操作说明
5 测量面积	打开文件	目录/12 - 9. asm	
	调用指令	弹出"全局干涉"对话框	【分析】→⌶全局干涉 ▾
	确认	(全局干涉对话框及模型图)	点击"全局干涉"对话框中的 预览(P) →在对话框的结果区域显示两零件的名称、干涉体积的大小，在模型处的干涉部位以黑色加亮显示

3. 曲线与曲面的曲率分析

任务	步骤	操作 结 果	操作说明
1 打开文件	📂	打开文件：目录/12 - 10. prt	
2 曲线曲率分析	调用指令	弹出"曲率分析"对话框	【分析】→⌇曲率 ▾
	曲线曲率分析	(曲率分析对话框及模型图)	在"曲率分析"对话框中，单击"几何"栏的"选取项目"→点选曲线→单击"坐标系"栏的"选取项目"→点选绘图区的坐标系→在"质量"栏输入 20→在"比例"栏输入 80→在对话框的结果区显示曲线的最小曲率和最大曲率，绘图区界面也发生了变化

续上表

任务	步骤	操 作 结 果	操作说明
3 曲面曲率分析		打开文件：目录/12 – 11. prt	
	调用指令	弹出"着色曲率分析"对话框	【分析】→ 曲率 ▾ → 着色曲率
	曲面曲率分析	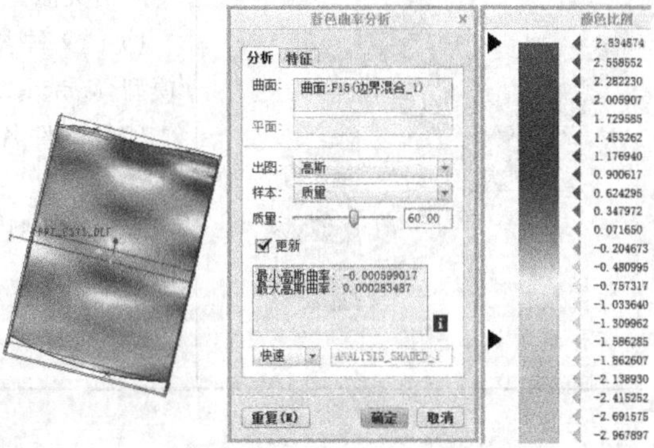	点选曲面模型→在"着色曲率分析"对话框中的"质量"栏输入60→曲面呈现出彩色分布图，同时弹出"颜色比例"窗→在"着色曲率分析"对话框结果区显示曲面的最小高斯曲率和最大高斯曲率

4. 文件转换——文件输入

任务	步骤	操 作 结 果	操作说明
1 输入 iges 文件	调用指令	弹出"文件打开"对话框	（或【文件】→ 打开(O) ）
	选择文件类型 *. iges	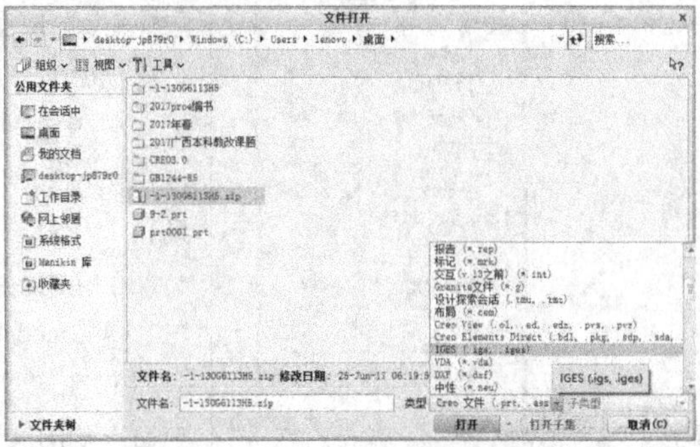 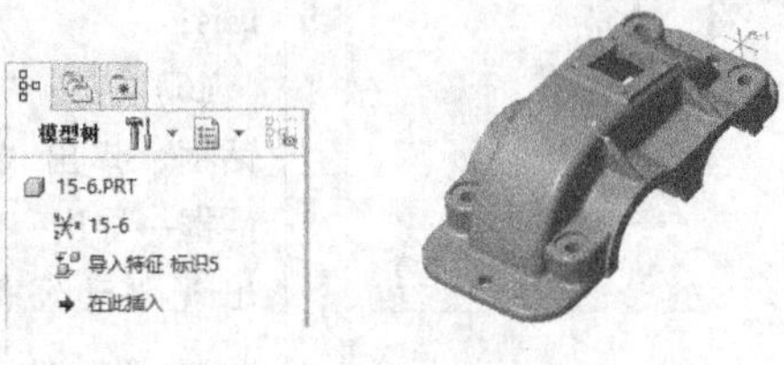	（1）单击 类型 列表框中的 ▾→点选模型文件类型 IGES（. igs，. iges）； （2）点击"文件夹树"，选择模型文件所在文件夹（目录）； （3）在文件夹列表中选择"12 – 12. igs"文件； （4）点击 导入 →弹出"导入新模型"对话框→确认，打开"＊. iges"文件，出现的模型树和模型如图所示

任务	步骤	操 作 结 果	操 作 说 明
2 输入 model 文件	调用指令	弹出"文件打开"对话框	（或【文件】→ 打开(O) ）
	选择文件类型 *.model	模型树及模型如图 模型树 15-7.MODEL Catia V4 标识1 在此插入	同上类似： （1）文件类型 – CATIA V4 模型（.model，.exp）； （2）文件名为 12 – 13.model； （3）模型树和模型如图所示

5. 文件转换——文件输出

任务	步骤	操 作 结 果	操 作 说 明
输出 iges 格式文件	打开文件	打开文件：目录/12 – 14.prt	
	调用指令	弹出"保存副本"对话框	【文件】→另存为→保存副本
	选择文件类型 *.iges	导出 IGES 几何 线框边 ✔曲面 实体 壳 基准曲线和点 小平面 自定义层 面组 全部 非几何 参数 仅限指定的 坐标系 默认 选项 导出 取消	（1）单击 类型 列表框中的 ▼→点选模型文件类型 IGES（*.iges）； （2）点击"文件夹树"，选择模型文件所在文件夹（目录）； （3）在文件夹列表中选择"12 – 14.model"文件； （4）在"文件名"文本框中输入新的文件名，如 new – iges； （5）点击"确认"，退出对话框，弹出"导出 IGES"对话框→导出→在屏幕信息区中出现"已经创建 IGES 文件 new – iges.igs"提示

12.5 提高篇

TG12－1 支架 练习要点：阶梯剖	提 示

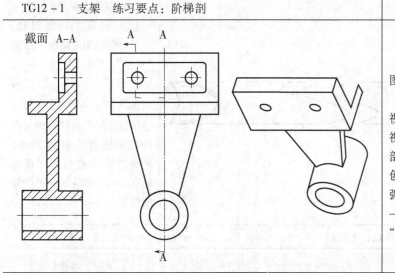

截面 A-A

（1）创建左视图、主视图、轴测图；

（2）创建阶梯剖的全剖视图：选择主视图→打开主视图属性对话框→创建阶梯剖面（方法与旋转剖面的创建方法相同，添加一个圆弧作为绘制折线的参照）→选择"剖切区域"为"完全"→左视图显示箭头

TG12－2 轴 练习要点：断面视图、尺寸和公差的标注、添加文字、添加表面粗糙度	提 示

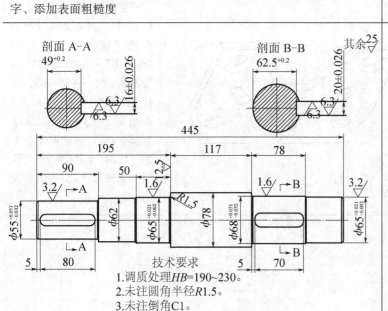

剖面 A-A
$49^{+0.2}$

剖面 B-B
$62.5^{+0.2}$

其余 25

16 ± 0.026

20 ± 0.026

6.3 6.3 6.3

445

195 117 78

90 50 2.5

1.6 1.6

3.2 A R1.5 B 3.2

$\phi55^{+0.051}_{-0.032}$ $\phi62$ $\phi65^{+0.021}_{-0.002}$ $\phi78$ $\phi68^{+0.051}_{-0.032}$ $\phi65^{+0.021}_{-0.002}$

5 80 5 70

技术要求

1.调质处理 $HB=190\sim230$。

2.未注圆角半径 $R1.5$。

3.未注倒角C1。

（1）创建左视图；

（2）创建断面图；

（3）标注尺寸和公差：设置绘图选项→Tol_display→yes→单个修改尺寸属性→公差模式为"加 - 减或 + - 对称或（如其）"；

（4）添加文字：点击创建注解工具→注释类型为"无引线"；

（5）添加表面粗糙度：点击工具 ^{32} →检索→打开对话框→ \ machined \ standardl. sym → "无引线" →法向→实例依附

続上表

TG12－3　空心长轴　练习要点：破断视图	提　要
	（1）创建主视图； （2）设置主视图属性：打开绘图视图对话框→点选"类别""可见区域"→点选"视图可见性"的"破断视图"→单击 →在合适位置添加2条破断线（点击视图轮廓线添加断点）→选破断线造型为"视图轮廓上的S曲线"→调整视图位置
TG12－4　固定板　练习要点：半视图	提　要
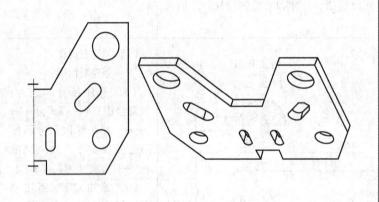	（1）创建主视图； （2）设置主视图属性：打开绘图视图对话框→点选【类别】的"可见区域"→点选"视图可见性"的"半视图"→选取RIGHT面为参照平面→选择右侧为要保留的视图→点击"确定"关闭对话框→点击菜单"编辑→值"→选取左下方的"比例：1.00"→将数值"1"更改为"2"→调整视图位置

242

续上表

TG12 – 5　支架　练习要点：主视图（前参照/左参照）、辅助视图	提　示
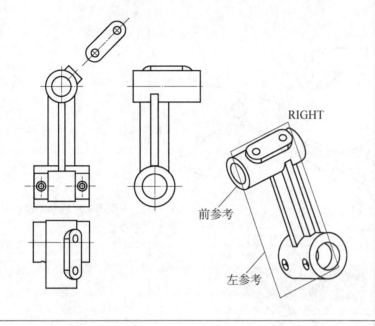	（1）主视图采用前、左参考放置； （2）创建辅助视图的观察方向在主视图上选； （3）设置视图显示：主视图设置为显示隐藏线，俯、左视图设置为不显示隐藏线
TG12 – 6　箱盖　练习要点：局部向视图	提　示
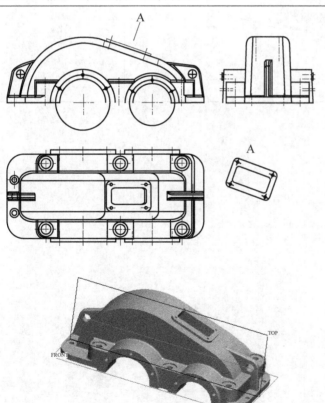	（1）主视图采用 FRONT 面为前参考，TOP 面为顶参考； （2）创建辅助视图的观察方向在主视图上选，在"视图绘图"对话框【类别】的"视图类型"中更改视图名为"A"，并点选"投影箭头"中的"单一"，在"对齐"中去掉"将此视图与其他视图对齐"复选框前的"√"，然后移动向视图至合适位置，在向视图的上方添加文字"A"； （3）三个视图都设置为"消隐"显示

TG12 – 7 固定盘 练习要点：主视图的放置、局部放大视图的创建	提　示
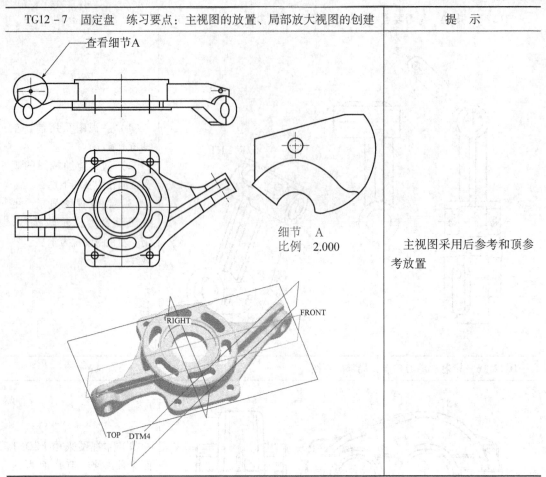 查看细节A 细节　A 比例　2.000	主视图采用后参考和顶参考放置